35가지 유전자 이야기

유전자를 알면 장수한다

설재웅 저

35가지 유전자 이야기

유전자를 알면 장수한다

설재웅 저

영화·뉴스 속 유전과 생명과학

프롤로그

지난 20년간 유전역학(genetic epidemiology)을 연구했다. 유전역학은 암, 당뇨병, 비만, 심혈관질환 등의 만성질환 연구를 위해 1978년 탄생한 분야로 유전자를 연구하는 유전학(Genetics)과 질병의 원인을 환경 및 생활습관에서 찾는 역학(Epidemiology)이 결합한 융합학문이다.

보건학 분야에서 세계 최우수 기관인 존스 홉킨스(Johns Hopkins)대 보건대학원에서 2005년부터 몇 년간 박사후연구원으로 일했다. 머리털 나고 처음 간 영어권 나라여서 영어가 문제였다. 생존을 위해서 생각한 것이 영화시청이었다. 영어자막을 활용하여 보았다. 미국 유학이 계기가 되어 지금도 영화시청은 좋은 취미다. 최근 건강 및 유전자 관련 뉴스가 참 많다. 이것들만 잘 챙겨보아도 건강과 유전학 이해에 도움이 된다.

현대사회에서 유전학에 관한 지식을 갖는 것은 중요하다. 이 책을 처음 쓸 때는 이해하기 어려운 의학유전학을 영화와 뉴스 기사를 통해 조금 쉽게 전달하는 것이 목적이었다. 그런데 책의 집필 과정에서 유전학과 관련된 몇 가지 사회 이슈도 포함했다. '동성애는 선천적인가? 아니면 후천적인가?' 하는 논란이 있다. 이 부분은 '동성애와 유전자'라는 제목으로 일부 다루었다.

영화 <십계>는 성경의 모세와 십계명에 관한 내용이다. 보건학 연구자인 내게 특별히 관심이 가는 십계명은 '부모님을 공경하면 장수한다'는 것이다. 이에 대한 것은 '유전자를 알면 장수한다'는 제목으로 포함했다.

최근 10년간 대학에서 임상유전학(clinical genetics)을 강의하고 있다. 의학유전학이 크게 변한 계기는 2003년 인간유전체사업에서 인간유전자지도가 완성됨으로써이다. 강의에 주로 사용한 교재는 톰슨&톰슨 의학유전학(범문사)과 IAN D. Young의 의학유전학(월드사이언스) 교재이다. 2019년에는 '미디어를 통한 유전과 생명과학'이라는 강좌를 개설했다. '어려운 유전학을 어떻게 쉽게 설명할까?' 고민하다 영화, 뉴스를 활용했다. 강의 후 학생들 평가에서 영화와 함께 들으니 어려운 생명과학 및 유전학을 이해하기 좋았다고 했다. 이 책은 이러한 강의 내용 일부를 정리하고 보강한 것이다. 이 책이 독자들의 유전학과 생명과학 이해에 도움이 되기를 바란다.

첫 책을 출판하려고 하니 감회가 새롭다. 첫 논문 쓸 때의 어려움과 쏟았던 정성이 생각났다. 그 노력이 밑거름되어서 지금은 수십 편 논문의 저자가 되었다. 책 저술을 포기하고 싶을 때마다 첫 책이라 힘든 것이라 스스로 위로하고 인내했다. 책 출판을 앞두고 감사한 분들이 많다. 우선 아낌없이 지원해주신 고려의학 이창용 상무님께 감사드린다. 곁에서 격려와 응원을 해준 사랑하는 아내와 어린 아들, 딸, 나에게 각각 50퍼센트씩 유전자를 주시고 이 책 작성에 영감을 주신 부모님, 맞벌이 부부의 육아를 헌신적으로 도와주시는 장인, 장모님께 감사드린다.

CONTENTS

Chapter 1   인간유전체와 질병의 범위 / 1

1. 인간유전체 사업과 정밀의료: 영화 <아일랜드> ········ 2
2. 외계인의 DNA는? 영화 <베놈 venom 2018>, <이티 E.T. 1982>   10
3. 흡연과 유전자: 영화 <다키스트 아워 Darkest Hour. 2017> ········ 15
4. 낭포성섬유증과 프랜시스 콜린스 박사: 영화 <파이브 피트> ········ 22
5. 만성 질병과 질병의 범위: 영화 <조 블랙의 사랑> ········ 26

Chapter 2   유전자와 돌연변이 / 31

6. 유전자 암호: 영화 <뷰티풀 마인드> ········ 32
7. 돌연변이: 영화 <엑스맨 퍼스트 클래스> ········ 37
8. 유전자 지문: 영화 <컨빅션> ········ 41
9. 유전자형과 표현형: 영화 <살인의 추억> ········ 45
10. 왜 사람들의 모습은 다 다른가? 영화 <위대한 쇼맨> ········ 50
11. 쌍둥이와 후성유전학: 영화 <트윈스터즈> ········ 58
12. 유전체 각인: 영화 <트와일라잇 브레이킹던> ········ 62

Chapter 3   단일유전자 질병과 인구 집단 유전학 / 65

13. 단일유전자 질환의 가계도: 영화 <미라클 벨리에> ········ 66
14. 상염색체 우성유전: 영화 <리메모리_기억추출> ········ 69
15. 상염색체 열성 유전: 영화 <미드나잇 선> ········ 72
16. 유전자와 발생: 영화 <원더> ········ 76
17. X 염색체 유전과 인종 간 유전적 차이: 영화 <미스 리틀 선샤인>   79
18. 이형접합자 우세: 영화 <나는 전설이다> ········ 83

Chapter 4 　다인자 질환의 유전과 유전자 찾기 / 89

19. 유전자를 알면 장수한다: 영화 <인크레더블2>　90
20. 쌍둥이와 유전율 연구: 영화 <페어런트 트랩>　99
21. 유전-환경 상호작용 질병의 예: 영화 <우리 형>　103
22. 다인자 선천성 심장 질환: 영화 <디스 크레이지 하트>, <미나리> 106
23. 비만과 유전자: 영화 <길버트 그레이프>　110
24. 비만유전자 운동으로 극복? 영화 <아이 필 프리티>　116

Chapter 5 　감수분열과 염색체 / 119

25. 세포주기와 세포분열: 영화 <잭>　120
26. 염색체의 텔로미어와 노화: 영화 <인 타임>　126
27. 형제자매가 같은 유전자를 가지지 않는 이유는? 영화 <어바웃 타임>　131
28. 멘델의 분리 법칙과 염색체 수의 이상: 영화 <챔피언스>　138
29. 모노조미monosomy로 생각해보는 아버지: 영화 <뮤직 네버 스탑>　141
30. 성염색체: 영화 <빌리 진 킹: 세기의 대결>　145

Chapter 6 　정밀의료와 공중보건 유전체 / 151

31. 조발성 알츠하이머병: 영화 <스틸 엘리스>　152
32. 후기발병 알츠하이머병: 영화 <더 파더>　156
33. 동성애와 유전자: 영화 <보헤미안 랩소디>　162
34. 체외수정과 백혈병: 영화 <마이 시스터즈 키퍼>　174
35. 맞춤 의료와 공중보건 유전체: 영화 <가타카>　178

존스홉킨스 보건대학원 소개_184　　참고 도서_188

참고 논문_189　　뉴스 기사_191　　참고 영화_193

Chapter 1
인간유전체와 질병의 범위

Story_ 01

인간유전체 사업과 정밀의료
영화 〈아일랜드〉

지구상에 일어난 생태적인 재앙으로 인하여 일부만이 살아남은 21세기 중반. 자신들을 지구 종말의 생존자라 믿고 있는 링컨 6-에코(이완 맥그리거)와 조던 2-델타(스칼렛 요한슨)는 수백 명의 주민과 함께 부족한 것이 없는 유토피아에서 빈틈없는 통제를 받으며 살고 있다.

(네이버 영화정보)

영화 <아일랜드>에서 링컨6-에코(이완 맥그리거)는 매일 소변 검사로 건강 상태를 확인한다. 규칙적인 운동으로 탄탄한 몸을 가지고 있다. 또한, 잘 정돈된 풍족한 환경에서 살아가고 있다. 식사는 급식 형태로 제공되는데 개인의 건강 상태에 따라 짜여 있는 식단에 따라 배식된다.

링컨은 어느 날 자신의 존재에 대한 의문을 품는다. 그리고 자신이 후원자(인간)에게 장기와 신체 부위를 제공할 복제인간임을 알게 된다. <아일랜드>에서 복제인간은 클론(clone)이라고 불린다. 클론 제작 회사는 이들에게 조작된 기억을 주입한다. 회사는 클론 제작으로 수명을 수십 년 늘린다고 홍보하며 후원자를 모집한다. <아일랜드>에서 클론은 후원자와 100% 유전체가 일치하는 복제인간이다. 여기서 말하는 인간 유전체란 무엇이고 어떻게 밝혀진 것일까?

지난 2000년, 미국 빌 클린턴 대통령은 인간 유전자 지도 초안 완성을 발표했다. 실제로는 2003년에 완성되었다. 인간유전체 사업(Human Genome Project)은 80년대 말 미국 주도로 시작된 과학프로젝트다. 인간의 DNA 염기서열을 완전히 분석한 것이다. 인간을 기계

사진설명
❶ 소변 검사에서 나트륨 과다 검출로 영양조절을 권장하는 장면

로 비유할 때 인간 생명의 기본 설계도를 밝혀낸 것이다.

대통령의 연설에서 사람들의 관심을 끌었던 부분은 다음과 같다.

"오늘 우리는 하나님이 생명을 창조할 때 사용한 언어를 배우고 있습니다. 우리는 하나님이 내려준 가장 성스러운 선물에 경외심을 느끼게 됩니다."

1953년 25세의 젊은 과학자인 제임스 왓슨과 37세의 프랜시스 크릭은 DNA의 이중나선 구조를 모형화한 논문을 발표했다. 왓슨과 크릭은 이 성과로 1962년 노벨생리의학상을 받았다. 왓슨과 크릭이 논문을 발표하고 정확히 50년 후인 2003년에 인간유전체 지도가 완성된 것이다.

인간유전체 지도 작성의 최초 책임은 제임스 왓슨이 맡았다. 그 후 프랜시스 콜린스(Francis Collins)에게 지도 작성의 책임을 넘긴다. 2000년 빌 클린턴이 기자회견을 할 때도 그 옆에는 프랜시스 콜린스가 있었다. 콜린스는 최근까지 세계 최고 의학 연구 기관 중 하나인 미국 국립보건원의 원장을 맡았다. 콜린스는 대통령 연설에 다음의 말을 덧붙였다.

"오늘은 전 세계에 경사스러운 날입니다. 지금까지 오직 하나님만

사진설명

❷ 2000년 미국 빌 클린턴 대통령의 인간유전체 지도 초안 완성 기자회견 장면(오른쪽이 프랜시스 콜린스 박사)

알고 있던 우리 몸의 설계도를 처음으로 우리가 직접 들여다보았다는 사실에 저는 경외감을 느낍니다."(프랜시스 콜린스, 「신의언어」, 김영사)

인간 유전체 사업(Human Genome Project)의 성과는 무엇인가?

유전체(genome)란 유전자(gene)와 염색체(chromosome)의 합성어로 염색체에 포함된 모든 유전자를 통틀어 유전체라고 부른다. 인간 유전체 사업을 통한 성과는 크게 2가지로 요약된다.

첫째 성과는 인간유전체는 약 32억 개 DNA 염기로 구성됨을 밝힌 것이다. 염기는 아데닌A, 티민T, 구아닌G, 시토신C의 4가지로 구성된다. 사람은 46개의 염색체를 가지며, 46개 중 남녀에 공통된 22쌍의 44개를 '상염색체'라고 부른다(그림 1). 상염색체는 큰 순서대로 1에서 22까지 번호가 붙어 있고, 남은 2개는 성을 결정하는 염색체다. 현

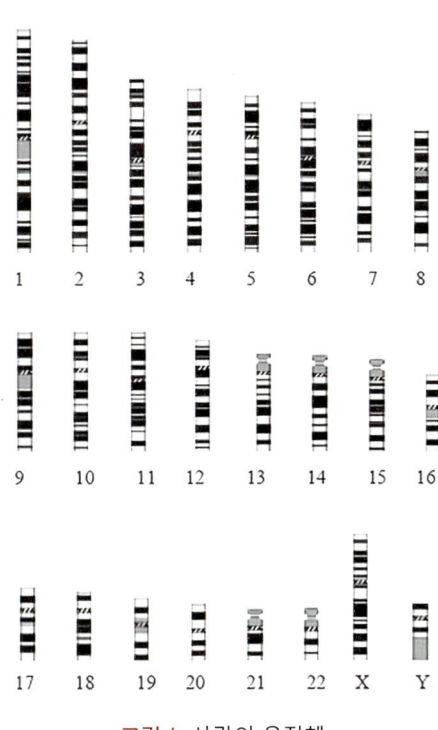

그림 1. 사람의 유전체

미경으로 보면 염색체는 기다란 실처럼 보인다. 염색체를 모두 풀어헤치면 DNA 가닥이다. 즉 DNA가 뭉쳐진 것이 염색체이다.

이 DNA는 뉴클레오타이드의 A, T, C, G라는 알파벳을 이용해 몸을 만드는 방법에 관한 설명서라고 생각해도 좋다. DNA의 염기서열을 모두 분석하였더니, 그 염기 개수는 약 32억 개라는 것이다. 즉 DNA의 염기서열을 해독하면 GTATTGGACTT…… 처럼 계속 읽을 수 있다. 이런 염기가 32억 개 정도 존재하는 것이 인간 유전체라 할 수 있다. 특정 인물의 32억 개 DNA 염기 전체를 읽은 것이 2003년에 완성된 인간유전체 사업이다.

한편 인간 유전체의 유전자 개수는 약 3만 5천 개로 알려져 있다. 유전자(gene)란 특정한 단백질을 합성하는 정보를 가지고 있는 DNA 구간이다. 유전자들은 염색체에 선상으로 배열되어 있다. 각 유전자는 일정한 위치, 즉 유전자자리(locus)를 갖는다. 이를테면 비만 유전자는 특정 염색체의 어느 위치에 있다고 할 수 있다. 그 위치가 유전자자리다. 이렇게 유전자들의 위치를 나열한 것이 유전자 지도(gene map)다.

둘째 성과는 두 사람 간 32억 개 염기서열을 모두 비교하니, 개인 사이에는 1,000개의 염기서열당 한 개가 다르다는 것을 밝힌 것이다. 반대로 이야기하면 1,000개 중 999개가 같다는 것이다. 두 사람 간에는 99.9%의 염기서열이 같고, 0.1%만 다르다는 의미이다. 과학자들은 인간 유전자 지도가 완성되면 인간 대부분 질병을 사람 간 염기서열 차이로 설명할 것을 기대했으나, 2003년에 두 사람 간 0.1%만 염기서열 차이가 난다는 발표에 크게 실망했다. 하지만 0.1%는 작은 차이는 아니다. 32억의 0.1%는 3백만 개 이상의 차이를 말하기 때문이다.

최근에는 이 차이가 0.1%보다는 많아서 두 사람 간에 인간 유전체 염기서열은 99.5% 정도가 일치한다고 보고했다. 즉 0.5%가 다르다는 것이다(톰슨&톰슨 의학유전학). 두 사람 간 염기서열 차이를 다형성(polymorphisms)이라고 한다. 최근까지 많은 연구를 통해서, 다형성으로 여러 질병 및 인간의 특징(표현형)이 설명되었다. 예를 들어, 어떤 사람은 술을 먹으면 얼굴이 빨개지고, 어떤 사람은 술을 많이 마셔도 잘 취하지 않는다. 또한, 동일한 약물이라도 효과가 좋은 사람이 있고, 효과가 없거나 부작용이 심한 사람도 있다. 이러한 개인의 차이를 유전자 다형성으로 설명하게 된 것이다.

인간유전체 사업과 보건의료인 전공

인간 유전체 사업이 발표되었던 2000년에 나는 대학원 석사과정 중이었다. 보건학의 한 분야인 역학(epidemiology) 전공이었다. 역학은 감염병 역학, 암 역학, 심혈관질환 역학, 유전역학, 사회역학 등의 세부 전공 분야가 있다. 인간 유전체 사업으로 유전학은 미래 유망 분야로 주목받았다. 그로 인해 나는 유전역학(genetic epidemiology)이라는 세부 전공을 선택했다. 대학원에 가면 세부 전공과목을 정한다. 유전학처럼 유망한 분야가 있지만, 쇠퇴하는 분야도 있다. 의학 분야에서는 기생충학이 한 예이다. 과거엔 기생충학이 유망했지만, 최근에는 국내에 기생충 환자가 드물다. 반면 감염병역학(infectious disease epidemiology)은 2000년에는 쇠퇴하는 분야로 생각했으나 사스(sars), 메르스(mers), 코로나19(covid19) 등으로 지금은 유망 분야이다. 이 사례는 미래 예측이 어렵다는 것을 보여준다. 인간유전체 사업은 의사, 간호사 등 의료인은 물론이고, 임상병리사, 물리치료사, 방사선사, 치위생사 등 의료기사 직종을 포함한 보건의료인 모든 전공에 큰 영향을 주었다.

정밀의료

<아일랜드>는 마이클 베이 감독의 2005년 영화로 2019년 7월 19일의 미래사회가 배경이다. 2019년이 이미 과거가 된 지금 보면 실현된 것도 있고, 아직 먼 미래 이야기도 있다. <아일랜드> 앞부분은 복제인간들이 사는 도시에서 정밀의료(precision medicine)가 실현된 모습을 보여준다. 정밀의료는 환자마다 다른 유전체 정보, 환경적 요인, 생활습관 등을 분자 수준에서 종합적으로 분석하여 최적의 치료방법을 제공하는 의료서비스를 의미한다. 2015년 1월 20일 미국의 오바마 대통령이 신년국정연설에서 정밀의료계획(precision medicine initiative)을 발표하면서 널리 알려졌다.

<아일랜드> 후반부에 링컨이 자신의 후원자인 톰 링컨(이완 맥그리거)을 만나는 장면이 있다. 이완 맥그리거는 1인 2역을 했다. 톰은 이렇게 말한다.

"나는 간이 썩어가고 있어. 간염(Hepatitis)에 걸렸거든."

"쾌락을 즐긴 결과지, 의사는 2년밖에 못 산다는군"

사진설명

❸ 링컨6에코가 자신의 후원자인 톰 링컨을 만나는 장면

<아일랜드>는 좋은 인간 유전체를 가지고 태어나도 잘못된 생활습관으로 수명이 단축될 수 있음을 알려준다. 즉, 나에게 주어진 인간 유전체와 신체를 어떻게 관리하느냐에 따라서 건강하게 오래 살수도 있고 그렇지 못할 수도 있다는 교훈을 영화는 말해준다. 우리가 의학유전학을 연구하는 목적 중 하나이겠다.

Story_ 02
외계인의 DNA는?
영화 〈베놈 venom 2018〉, 〈이티 E.T. 1982〉

진실을 위해서라면 몸을 사리지 않는 정의로운 열혈 기자 '에디 브록' 거대 기업 라이프 파운데이션의 뒤를 쫓던 그는 이들의 사무실에 잠입했다가 실험실에서 외계 생물체 '심비오트'의 기습 공격을 받게 된다. '심비오트'와 공생하게 된 '에디 브록'은 마침내 한층 강력한 '베놈'으로 거듭나고, 악한 존재만을 상대하려는 '에디 브록'의 의지와 달리 '베놈'은 난폭한 힘을 주체하지 못하는데…! 지배할 것인가, 지배당할 것인가.

(네이버 영화정보)

영화 <베놈>에서 베놈은 일반인보다 훨씬 거대한 체격이며 가슴과 등에 하얀 힘줄이 새겨져 있다.

외계 생명체 심비오트에 DNA가 있다면 사람과 같을까?

1982년 제작된 스티븐 스필버그 감독의 영화 <E.T.>에서 이 질문에 대한 답을 했다. 한적한 마을에 우주선이 착륙하면서 영화 <E.T.>는 시작된다. 우연히 한 외계인만 지구에 남게 된다. 외계인은 소년 엘리엇(헨리 토마스)과 만난다. 엘리엇은 외계인에게 E.T.(Extra-Terrestrial)란 이름을 붙인다. E.T.와 소년은 텔레파시로 교감할 정도로 가까워진다. 그러나 E.T.는 자신의 별로 돌아가려고 노력한다. <E.T.>의 최고 명장면은 엘리엇과 E.T.가 자전거를 타고 보름달을 배경으로 밤하늘을 나는 것이다.

사진설명
❶ 정신과 몸을 공유하는 에디 브록과 심비오트
❷ 엘리엇의 여동생이 E.T.를 처음 보고 놀라는 장면

외계인의 DNA는 염기가 6개?

E.T.는 자신의 별과 교신할 통신장비를 만든다. 그리고 할로윈 축제 기간에 우주선이 착륙했던 숲속으로 간다. 그러다가 급격한 체력 소모로 E.T.는 탈진 상태에 빠진다. 결국, E.T.를 쫓던 과학자들에게 붙잡히고, 여러 가지 진단 검사를 받는다. 이때 한 연구자가 흥분하여 소리친다.

"DNA 결과가 나왔다."

"외계인 E.T. DNA는 염기가 6개다."

E.T.는 인간의 질병을 쉽게 치유하고, 지적 능력도 대단히 높다. 인간보다 우월한 능력을 지닌 외계인의 염기를 6개로 영화에서 설정한 것이다. 물론 인간의 DNA는 A, T, G, C의 4개의 염기로 구성된다.

박테리아도 DNA를 가지고 있다. 고슴도치도, 복숭아도 DNA를 갖고 있다. DNA는 일부 바이러스를 제외한 모든 살아 있는 생명체의 보편적 언어이다.

인간의 DNA는 탄소가 5개인 5탄당 데옥시리보스에 인산기와 염기가 붙어 있는 구조이다. DNA는 이중나선의 사다리와 같은 구조를 지녔으며 두 양쪽 사슬이 염기 부분으로 마주 보듯 연결되어 있다. 이

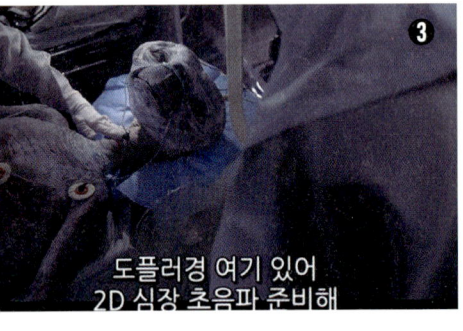

도플러경 여기 있어
2D 심장 초음파 준비해

다만 뉴클레오티드가
우리와 달리 4개가 아닌 6개야

사진설명
❸ E.T.가 붙잡혀서 여러 검사를 받는 장면
❹ E.T. DNA 결과를 확인하는 장면

때 한쪽이 A면 반대편은 반드시 T, G면 반대편이 C가 된다. 이것을 상보적인 결합이라 한다. 여기서 A와 T는 2개의 수소(H) 결합으로 연결되어 있고 G와 C는 3개의 수소결합으로 연결되어 있다(그림 2).

인간 DNA 두 가닥의 상보적 특성 때문에, 한쪽 가닥의 뉴클레오타이드 염기서열을 알면 반대쪽 가닥의 서열을 자동으로 결정할 수 있다. 그림 2에서 염기서열은 CGTC로 읽는다. 인간유전체 32억 개 전체를 이처럼 읽은 것이 인간유전체 사업의 결과이다. 인간유전체 32억 개 염기 중에서 유전자들이 균등하게 존재할까? 그렇지 않다. 유전자가 많이 존재하는 부분이 있고, 유전자가 적게 존재하는 부분도 있다.

사람의 염기서열을 읽어보면 사람들의 염기서열이 대부분 같은데 일부분에서 그림3처럼 개인1은 T를 갖는데 개인2는 C를 가지는 이런 사람마다 차이가 나는 부분이 존재한다. 이것을 유전정보의 다형성(polymorphisms)이라고 한다.

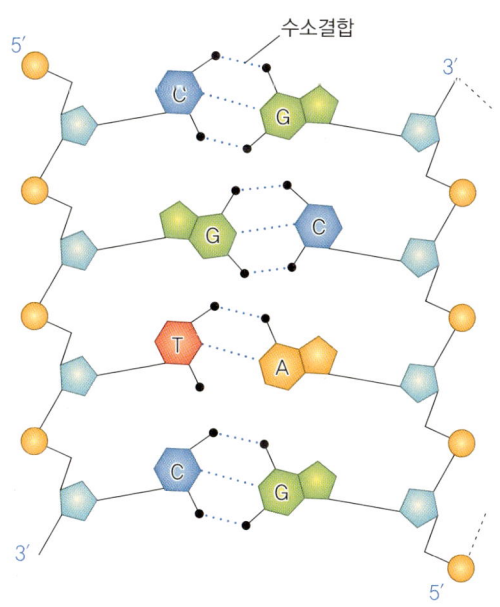

그림 2. DNA의 구조

영화 <E.T.>에서 외계인의 염기를 6개로 설정한 것은 흥미로운 영화적 상상력이다. 4개의 염기로 이루어진 지구 생명체와 달리 6개의 염기를 가지고 있는 것은 고등 외계 생명체에 대한 그럴듯한 설정이다. 한편 외계인을 다룬 다른 영화인 <에볼루션, 2001>에서는 외계 생명체 DNA를 분석하여 보니, 열 종류의 염기로 구성된 DNA를 가지고 있다고 설정했다.

```
개인 1   ...GGATTTCTAGGTAACTCAGTCGA...
개인 2   ...GGATTTC(C)AGGTAACTCAGTCGA...
개인 3   ...GGATTTC(C)AGGTAACTCAGTCGA...
개인 4   ...GGATTTCTAGGTAACTCAGT(A)GA...
```

그림 3. 인간 유전체의 다형성

흡연과 유전자
영화 〈다키스트 아워 Darkest Hour. 2017〉

우린 결코 굴복하지 않습니다. 승리가 없으면 생존도 없기 때문입니다. 덩케르크 작전, 그 시작 다키스트 아워

(네이버 영화정보)

2002년 영국 BBC 방송은 시청자들에게 가장 위대한 영국인이 누구냐고 물었다. 셰익스피어, 다윈, 뉴턴을 따돌리고 선정된 인물은 윈스턴 처칠이다. 처칠은 1940년에서 1945년까지 영국 총리를 지낸 인물이다.

　영화 <다키스트 아워>는 2차 세계대전 당시 프랑스 북부 덩케르크 해안에서 벌어진 사상 최대의 덩케르크 탈출 작전, 그 시작을 담고 있다. 덩케르크 작전은 다이나모 작전이라고도 불리며 1940년 5월 26일에서 6월 3일까지 기간 동안 제2차 세계대전 초기에 행해진 작전이다. 영화 <다키스트 아워>는 덩케르크 작전 당시 영국 총리인 처칠의 이야기다.

　윈스턴 처칠은 잘 알려진 애연가다. <다키스트 아워>에서 처칠이 담배(시가) 피우는 장면이 많다. 영국 국왕과 처칠은 서로 맞담배를 피우면서 대화를 나누기도 한다.

어린아이 앞에서 담배 피우는 처칠?

　처칠이 런던 지하철 안에서 담배를 피우면서 아기 엄마와 대화를 나누는 장면이 있다. 아기를 안고 있는 여성은 웃으면서 처칠과 이야기한다. 요즘 시대에는 상상하기 힘들다. 흡연자가 영국 총리라도 아기 엄마는 담배 연기를 피할 것이다. 이 장면은 어떻게 가능한가? 아

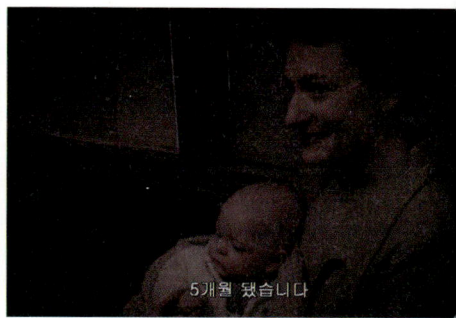

래 논문을 통해서 이유를 확인해 보자.

미국 존스홉킨스(Johns Hopkins) 보건대학원 수업에서 알게 된 기념비적인 논문을 소개한다.

이 논문은 1950년에 미국 의사협회지(JAMA)에 출판되었다. 이는 한 내과 의사가 폐암 환자들이 대부분 담배를 피운 것에 주목하여 환자-대조군 연구(case-control study)를 하고 교차비(odds ratio, OR)를 계산한 것이다. 그리고 아래 표처럼 흡연자들이 비흡연자와 비교할 때 12.8배 폐암이 많이 걸렸다는 것이다. 담배가 폐암의 원인임을 밝

❸

Tobacco Smoking as a Possible Etiologic Factor in Bronchiogenic Carcinoma
A Study of Six Hundred and Eighty-Four Proved Cases
Ernest L. Wynder and Evarts A. Graham, M.D.
St. Louis

Tobacco Smoking and Lung Cancer: A Case-Control Study

	환자군	대조군
흡연자	597	666
비흡연자	8	114

$$OR = \frac{597 \times 114}{666 \times 8} = 12.8$$

출처: Wynder and Graham, 1950

사진설명
❶ 영국 국왕과 처칠이 서로 담배를 피우면서 대화를 나누는 장면
❷ 지하철에서 처칠이 아기 앞에서 담배 피우는 장면
❸ 흡연이 폐암의 원인임을 밝힌 기념비적 논문(환자-대조군 연구)

힌 거의 최초의 연구이다. 그 이후로 수많은 연구가 이 사실을 증명했다. 따라서 <다키스트 아워>의 영화적 배경인 1940년대에는 흡연의 위해성을 잘 모르던 시기이다.

영화에서 나오듯이 윈스턴 처칠은 거의 항상 입에 담배를 물고 있는 골초였다. 그런데 처칠은 90세까지 장수했다. 그리고 영국 총리 재임 시절의 전쟁 경험을 담은 회고록으로 1953년에 노벨문학상을 받았다. 처칠의 참모가 노벨상 수상을 전했을 때 노벨평화상으로 착각하고 기뻐했다가 노벨문학상인 것을 알고 조금 실망했다는 것은 잘 알려진 일화다.

유전-환경 상호작용(gene environmental interaction)

나의 연구 분야는 만성질환의 유전자 연구(유전-환경 상호작용 연구)이다. 이를 소개하고자 한다.

담배를 피우면 폐암에 걸린다. 다른 말로는 폐암의 원인은 흡연이다. 누구나 다 아는 이야기일 것이다. 그런데 왜 사람들이 담배를 잘 끊지 않는가를 생각해보면 담배를 많이 피우는데도 장수하는 경우가 간혹 있다는 것이다. 앞서 이야기한 윈스턴 처칠이 대표적이다. 이런 이유로 아무리 연구자들이 과학적인 사실을 가지고 '흡연은 폐암의 원인입니다'라고 말을 해도 사람들이 담배를 쉽게 끊지 않고 뒤늦게 후회하는 경우가 많다.

자, 그러면 왜 어떤 사람은 담배를 피우면 폐암에 걸리고, 다른 이들은 안 걸리는 것일까? 이는 유전자-환경 상호작용으로 어느 정도 설명이 가능하다. 여기서 오해가 없기를 바란다. 유전자에 따라서 위해 정도가 약간 다를 뿐이지 흡연은 모두에게 매우 유해하다. 담배 연기 속에는 4000여 종의 화학 물질이 들어 있으며 그중 2000여 종은 몸에 해를 끼치는데, 해로운 물질 중에 대표적인 것이 타르, 일산화탄소, 니코틴이다. 또한, 흡연은 폐암 못지않게 보건학적으로 중요한 만성 폐쇄성 폐 질환의 원인이다. 만성 폐쇄성 폐 질환은 우리나라 성인의 주요 사망 원인 중 하나이다.

아래 방광암(Bladder cancer)을 대상으로 한 논문의 결과를 보자 (그림 4). 1993년에 국제암학술지(JNCI)에 실린 연구이다. 방광암은 흡연과 관련이 있고 GSTM1 유전자와 관련이 있다는 이야기이다. 비흡연자의 위험을 1.0이라고 했을 때 1년에 담배를 50갑(pack) 이상 피우는 흡연자는 3.5배 방광암이 더 많이 걸린다는 것이다. 이것의 원인은 흡연의 노출 요인 때문이다. 그런데 GSTM1 유전자의 돌연변이가 있는 경우는 그 위험이 5.9배 높다는 결과이다. 여기서 3.5배가 5.9배가 되는 것은 유전적 요인 때문이다. 이것이 유전-환경 상호작용의 한 사례이다. 실제 GSTM1 이란 것은 담배를 피울 때 주로 나오는 니코틴을 체내에서 대사하는 것과 관련된 유전자이다. 이 유전자에 돌연변이가 있으면 니코틴을 체외로 잘 배출 못 하는 것이다.

최근에는 흡연과 관련된 유전자가 더 많이 연구되었다. 김경철의 책 「인류의 미래를 바꿀 유전자 이야기, 2020」에서 다음과 같이 정리했다.

	GSTM1 (정상)	GSTM1 (변이)
비흡연자	1	1.3*
1년에 1-50갑 흡연자	2.2*	4.3*
1년에 >50갑 흡연자	3.5*	5.9*

*P<0.001;
Bell et al, JNCI 85:1559, 1993

그림 4. 방광암(Bladder Cancer)에 대한 흡연과 GSTM1 유전형의 관련성

"폐암 유전자로도 알려진 CHRNA3 유전자는 니코틴성 아세틸콜린 수용체 단백질의 유전체인데 이 유전자에 변이가 있는 경우 흡연하면 이 물질이 활성화되어 폐암의 위험이 더 커진다. 또 다른 흡연 유전자인 CYP2A6 유전자는 니코틴의 분해와 관련된 유전자이다. CYP2A6 유전자의 변이로 인해 간의 니코틴 분해력이 저하되고 결과적으로 체내에서 니코틴이 제거되기까지 시간이 지연돼 니코틴 의존도가 3배가량 증가하는 것이다. 특히 청소년은 더 중독성이 강하다. 애당초 이런 유전자에 변이가 있으면 흡연을 시작하지 말아야 한다."

최근 영국 Leicester 대학의 카이아라 바티니 박사는 한 연구에서 아래 그림과 같이 흡연 관련 유전자들을 정리하여 발표했다(그림 5). 즉, 관련된 기전은 도파민 대사(Dopamine metabolism), 글루타메이트 수용체(Glutamatergic receptors), 니코틴 대사(Nicotine

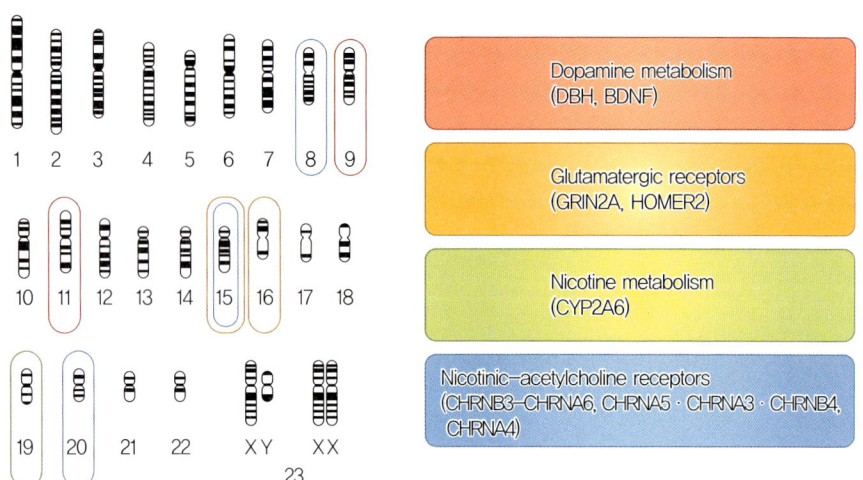

그림 5. 흡연 관련 유전자(출처: 영국 Leicester 대학 Chiara Batini 박사)
도파민 대사(Dopamine metabolism), 글루타메이트 수용체(Glutamatergic receptors), 니코틴 대사(Nicotine metabolism), 니코틴성 아세틸콜린 수용체(Nicotinic-acetylcholine receptors).

metabolism), 니코틴성 아세틸콜린 수용체(Nicotinic-acetylcholine receptors) 등이다. 즉, 이러한 유전자들에 선천적인 돌연변이가 있으면 똑같이 담배를 피워도 몸에 더 해로울 수 있다는 것이다.

Story_04

낭포성섬유증과 프랜시스 콜린스 박사
영화 〈파이브 피트〉

접근 금지, 허그 금지, 키스 금지. 이 로맨스 성공할 수 있을까? 같은 병을 가진 사람끼리 6피트(약 1.8 m) 이하 접근해서도, 접촉도 해선 안 되는 CF(낭포성 섬유증)를 가진 '스텔라'와 '윌' 첫눈에 반한 두 사람은 서로를 위해 안전거리를 유지하려고 하지만 그럴수록 더욱 빠져든다. 손을 잡을 수도 키스를 할 수도 없는 그들은 병 때문에 지켜야 했던 6피트에서 1피트 더 가까워지는 걸 선택하고 처음으로 용기를 내 병원 밖 데이트를 결심한다.

(네이버 영화정보)

2019년 국내 개봉한 영화 <파이브 피트>는 낭포성섬유증 환자의 사랑 이야기다. 시한부 인생 청소년들의 안타깝고 아름다운 사랑 이야기다. 이 영화에서 추가적인 세균 또는 바이러스 감염을 막기 위해서 낭포성섬유증 환자끼리는 6피트(약 1.8 m) 거리 유지 원칙으로 하는 설정이 나온다. 병원 내 감염을 막기 위해서다. 실제로 병원 내에서 다른 질병의 감염을 차단하는 것은 중요하다. 우리는 2015년 메르스 사태 때 병원감염의 심각성을 경험한 바 있다. 또한, 이 영화에서는 추가적인 감염이 있으면 폐 이식이 안 되는 것으로 묘사된다. 시한부 인생이지만 폐 이식을 하면 5년을 더 살 수 있다는 것이다.

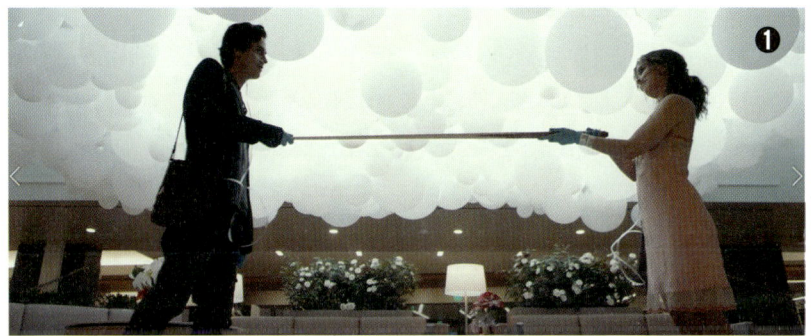

　우리가 어떤 질병의 범위를 이야기할 때, 주로 유전학에서 다루어 왔던 것은 단일유전자 질환이다. 이는 원인 유전자가 하나만 있는 질병이다. 단일유전자 질환에서 대표적인 것은 낭포성섬유증(cystic fibrosis)이다. 낭포성섬유증은 우리나라에는 드물지만, 서부 유럽에서는 매우 흔한 유전병 중의 하나이다. 주로 어린아이들에서 폐 질환을 일으킨다.

사진설명
❶ 6피트(약 1.8미터) 거리 유지 원칙을 지키는 두 주인공

낭포성섬유증 유전자를 찾은 콜린스 박사. 인간유전체 지도를 완성하다

낭포성섬유증은 상염색체 열성 질병이다. 원인 유전자도 밝혀져서 CFTR 유전자의 돌연변이가 원인이다. 여기에서 돌연변이는 주로 선천적인 돌연변이를 말한다. 즉, 태어나면서부터 가지고 있는 돌연변이다. 그 정확한 위치는 1985년에 연구자들에 의하여 밝혀졌다. 이 연구를 주도한 인물은 인간유전체 지도의 초안을 완성한 책임자이기도 한 프랜시스 콜린스 박사다. 콜린스 박사는 그의 책 「신의 언어」에서 그때의 상황을 다음과 같이 기술하고 있다.

"이 작업은 1985년에 과학자와 환자 가족들의 놀라움과 기쁨 속에 완성되었다. 그리고 낭포성섬유증 유전자가 7번 염색체에 있는 200만 개의 염기쌍 어딘가에 있는 게 분명하다는 점을 증명해 보였다. 하지만 진짜 어려움은 이제부터 시작이었다.

이 유전자를 찾는 일은 미국 어느 가정의 지하실에 있을 불이 나간 전구 하나를 찾는 작업과 비슷했다. 이제는 집집마다 돌아다니면서 전구를 하나씩 살펴보아야 했다.

우리에게는 이 지역 지도도 없다. 도시나 마을의 거리 지도도 없고, 건물 설계도도 없으며, 전구 재고 목록도 당연히 없는 상태였다. 지독한 작업이었다.

전 세계 20여 개 팀이 이 유전자를 찾아 매달린 결과를 종합해보면, 이 한 가지 병을 유발하는 유전자 하나를 찾기까지 10년의 세월이 걸렸고, 비용은 5,000만 달러(약 600억 원)가 넘게 들었다."

이러한 경험을 통해서 그는 유전자 지도의 중요성을 절감했다. 그리고 그가 인간 유전자 지도 작성의 책임자로서 2003년 인간유전자 지도를 완성했다. 또한 「신의 언어」라는 책은 무신론자였던 콜린스 박사가 인간유전체를 연구하면서 기독교 신자가 된 과정도 기술했다. 옥스포드대 교수였던 C.S. 루이스의 책 「순전한 기독교」를 읽고 지적

깨달음을 얻어서 기독교 신앙을 갖게 되었다.

아래 그림은 인간 유전체 지도를 완성했을 당시의 타임지 표지이다. 오른쪽 사진이 콜린스 박사이다.

진화론을 무신론의 증거라고 주장하는 무신론적 진화론이 있다. 대표적인 인물이 「이기적 유전자」의 저자인 '리처드 도킨스'다. 프랜시스 콜린스는 무신론적 진화론에 반대한다. 콜린스는 그의 책 「신의 언어」에서 다음과 같이 말했다.

"하나님을 믿는 나에게 인간게놈 서열을 밝힌 것은 또 다른 중요성이 있다. 인간게놈은 하나님이 생명을 창조할 때 사용한 DNA 언어로 쓰였다. 나는 모든 생물 교과서 가운데 가장 중요한 DNA 교과서를 연구하는 동안 밀려드는 경외감을 주체할 길이 없다."

유전학을 공부하기 전부터 기독교 신자였던 나는 어떤가? 유전학을 공부하면서 신앙이 더 좋아졌다고 하기도, 더 나빠졌다고 하기도 어렵다. 내게는 과학 지식이 신앙에 중립적으로 작용한 것 같다. 무신론적 진화론에는 반대한다. 나는 창세기 1장 1절의 "태초에 하나님이 천지를 창조하시니라", 창세기 1장 27절의 "하나님이 자기 형상 곧 하나님의 형상대로 사람을 창조하시되 남자와 여자를 창조하시고"의 말씀을 믿는다.

―――
사진설명
❷ 인간 유전체 지도를 완성했을 당시의 타임지 표지(오른쪽이 콜린스 박사)

Story_ **05**

만성 질병과 질병의 범위
영화 〈조 블랙의 사랑〉

윌리엄 패리쉬(William Parrish: 안소니 홉킨스 분)는 65세 생일을 앞둔 어느 날, '예(YES)'라는 꿈결 같은 울림소리에 잠을 깬다. 그는 사업에 성공을 거두었고 화려한 저택에서 두 딸과 안정된 가정생활을 누리고 있었다. 둘째 딸 수잔(Susan Parrish: 클레어 포라니 분)은 커피숍에서 낯선 남자를 만나게 되는데 그들은 첫눈에 서로에게 호감을 느끼게 되고 많은 대화를 나눈다. 그들은 아쉬움을 남기며 이름조차 묻지 않은 채 헤어진다. 망설이며 걸음을 재촉하지 못하던 남자는 건널목에서 교통사고를 당해 죽음을 맞는다.

(네이버 영화정보)

영화의 시작 부분에서 윌리암이 가슴에 극심한 고통을 겪는 장면이 반복된다. 이러한 가슴의 통증을 협심증이라 부른다. 가정의학 전문의인 김경철은 그의 책에서 다음과 같이 설명했다.

"우리나라에서 암과 함께 가장 많이 사망하는 질환이 심혈관질환이다. 심혈관질환은 심장을 둘러싸고 있는 관상동맥이 막혀서 생기는 협심증과 심근경색(myocardial infarction)을 말한다. 심근경색의 예측인자(위험인자) 중 하나가 고지혈증이다. 고지혈증은 혈관 속 콜레스테롤 농도가 높아져서 혈관 벽에 침착하며 죽상경화증을 만든다. 이에 따라 혈관 벽에 염증이 생기고 혈류가 느려지며 혈전이 생기게 되는데, 이 혈전이 좁아진 심장의 혈관을 막는 경우가 심근경색이다. 또한, 고지혈증의 유전적 원인은 30~60% 정도로 높은 편이다." (김경철, 인류의 미래를 바꿀 유전자 이야기)

심근경색증의 원인은 다양하다. 이 영화 주인공의 경우에는 큰 사업의 책임자로 경영하면서 피할 수 없는 스트레스가 원인 중 하나로 보인다. 영화는 시한부 인생인 주인공과 그 딸을 통해서 진정한 사랑

사진설명
❶ 수잔이 커피숍에서 낯선 남자를 만나 서로 호감을 느끼지만, 아쉬움을 남기며 이름조차 묻지 않은 채 헤어지는 장면

이 무엇인지 이야기한다. 또한, 가족에 대한 소중함도 말한다. 심근경색증으로 사망할 운명이지만 주인공은 저승사자로부터 추가적인 삶의 시간을 얻는다는 영화적 설정이다.

질병의 범위

의학유전학이 다루는 질병은 크게 2가지로 나눌 수 있다. 하나가 단일유전자 질환으로서 낭포성섬유증, 색소성건피증 같은 질환이 대표적이다. 이는 원인 유전자가 하나만 있는 질병이다. 그림 6에서처럼 하나의 유전자가 거의 100% 원인이 되는 것이다.

반면에 넘어져서 다치거나, 교통사고를 당해서 외상을 입는 경우는 환경적인 요인이다. 즉, 유전적 원인은 거의 없다는 의미다. 코로나19와 같은 감염병도 환경적인 요인이라고 볼 수 있다. 바이러스가 원인이다. 또한, 화재, 쓰나미, 태풍 등의 재해도 환경적인 원인이 된다.

그렇지만 보건학적으로 더 중요한 질병인 암, 당뇨병, 심혈관질환은 유전요인과 환경 요인이 함께 복합적으로 원인(유전+환경)이 되는 만성 질병이다.

심혈관질환, 당뇨병, 뇌졸중, 암 등의 만성질환은 그림 6의 질병의 범위에서 어디에 속할까? 단일유전자 질환과 외상의 중간 정도에 위치

사진설명
❷ 윌리엄 패리쉬(William Parrish: 안소니 홉킨스 분)가 협심증 통증을 느끼는 장면

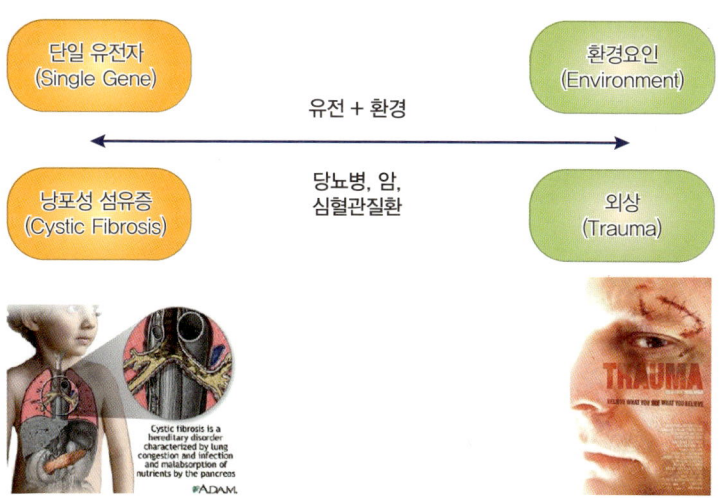

그림 6. 질병 감수성에 있어서 유전자의 역할

한다. 즉 이들은 유전자와 환경(생활습관)이 복합적으로 작용하는 질병으로 다인자질환(multifactorial disease)이라 한다. 다인자 질환은 소아 인구의 5%, 전체 인구의 60% 이상에서 영향을 주는 것으로 추정된다. (톰슨&톰슨 의학유전학)

유전역학의 필요성

만성질환을 연구하기 위해서는 두 가지 요인(유전+환경)을 모두 고려하는 연구방법이 필요하다.

그래서 생겨난 학문이 유전역학(genetic epidemiology)이다(그림 7). 이는 유전학과 역학의 복합학문 (A hybrid science)이다. 유전학(Genetics)은 1865년에 멘델(1822~1884년)이 시초라고 볼 수 있고, 유전자를 연구하는 학문이다. 역학(Epidemiology)도 꽤 오래된 학문이다. 1854년에 존 스노우라는 영국 사람이 콜레라를 연구한 것을 시초로 보고 있고, 주로 이 분야가 역할을 많이 하는 것이 감염병 분야이다. 코로나19 유행에서도 역학 조사라는 말을 많이 한다. 그런데 역학이라는 말이 감염병에만 쓰이는 것은 아니다. 여러 만성질환에서도 많이 사용된다.

역학은 한마디로 얘기하면 질병의 원인을 찾는 학문이다. 그 기법으로 주로 설문 조사를 하고, 통계 분석을 한다. 그를 통해서 객관적인 데이터를 갖고 질병의 원인을 찾아내는 것이 역학이다. 어떤 환경적인 요인을 주로 다룬다. 만성질환은 환경적인 요인과 유전적인 요인이 함께 작용하기 때문에 1978년에 유전역학(genetic epidemiology)라는 용어가 처음 사용되기 시작했다.

유전역학 연구의 목적은 만성질환의 원인을 더 잘 이해하기 위함이다. 만성질환은 환경(생활습관) 요인만 알아서는 원인을 모두 알기 어려우므로 유전요인도 함께 연구하는 것이다. 질병의 위험이 큰 개인 또는 집단을 확인하고, 더 효과적인 개입 방법(intervention program)을 개발하는 것이 목적이다.

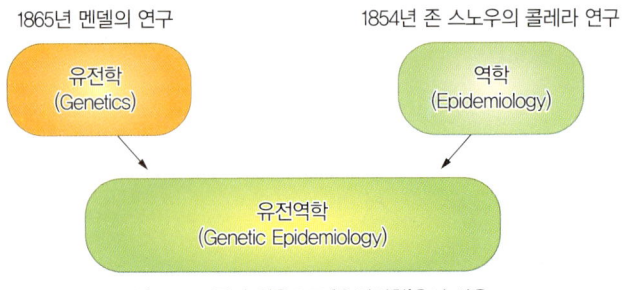

그림 7. 유전역학(Genetic Epidemiology)

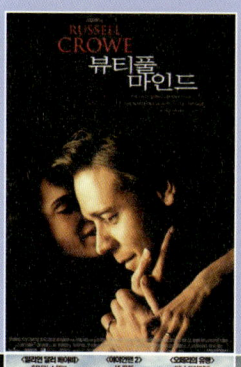
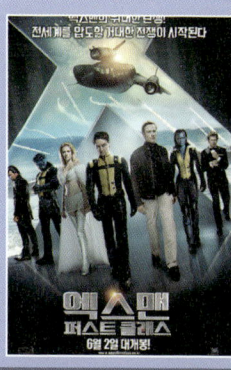

Chapter 2

유전자와 돌연변이

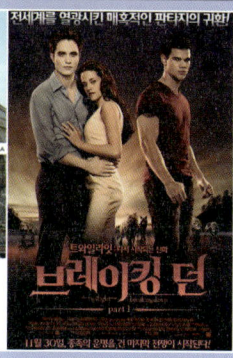

Story 06

유전자 암호
영화 〈뷰티풀 마인드〉

1940년대 최고의 엘리트들이 모이는 프린스턴 대학원. 시험도 보지 않고 장학생으로 입학한 웨스트버지니아 출신의 한 천재가 캠퍼스를 술렁이게 만든다. 너무도 내성적이라 무뚝뚝해 보이고, 오만이라 할 정도로 자기 확신에 차 있는 수학과 새내기 존 내쉬. 괴짜 천재인 그는 기숙사 유리창을 노트 삼아 단 하나의 문제에 매달린다. 바로 자신만의 '오리지날 아이디어'를 찾아내는 것. 어느 날 짓궂은 친구들과 함께 들른 술집에서 금발 미녀를 둘러싸고 벌이는 친구들의 경쟁을 지켜보던 존 내쉬는 섬광같은 직관으로 '균형이론'의 단서를 발견한다. 이후 MIT 교수로 승승장구하던 그는 정부 비밀요원 윌리엄 파처를 만나 냉전시대 최고의 엘리트들이 그러하듯 소련의 암호 해독 프로젝트에 비밀리에 투입된다.

(네이버 영화정보)

　영화 <뷰티풀 마인드>는 1994년 노벨경제학상 수상자인 존 내쉬의 삶을 그렸다. 영화에서 한 천재의 모습을 본다. 내쉬는 대학원에서 공부에 몰입한다. 친구들과 놀이할 때도 술집에서도 연구에 대해 생각한다. 비슷한 장면이 나오는 영화로는 <아마데우스>가 있다. 볼프강 모차르트는 괴짜로 알려져 있다. 그러나 영화에서 작곡할 때는 극도로 몰입한다. 또 다른 천재에 대한 영화 <사랑에 대한 모든 것>은 물리학자 스티븐 호킹의 삶을 그렸다. 스티븐 호킹의 학생 시절에 그가 시험 문제에 몰두하다가 커피를 종이에 쏟는 장면이 나온다. 천재의 삶을 다룬 영화에서 공통으로 천재들은 한 가지에 집중하고 몰입하는 것으로 표현한다.

　존 내쉬는 조현병 환자로 기술된다. 조현병은 과거에는 정신분열증(schizophrenia)으로 불렸다. 조현병은 환각, 망상, 무질서하고 유별난 생각을 하는 특징이 있다. 조현병이 발병하기 전에 수학의 천재인 존 내쉬는 미국 국방성 암호를 해독하는 일을 한다. 복잡한 숫자 또는 잡지들의 문자를 통해서 암호를 해독한다.

사진설명
❶ 존 내쉬가 연구에 몰입하는 장면

유전자 암호

유전자에도 이런 암호가 있다. 인간의 유전자는 DNA의 일정 구역이다. 핵 속에 있는 DNA는 메신저RNA(mRNA)로 전사(transcription)되고, 메신저 RNA는 세포핵 밖의 세포질로 나와서 리보솜과 결합한다(그림 8). 그리고 아미노산으로 번역(translation)이 된다. 이것을 분자생물학의 중심원리(central dogma)라고 한다. 이때 3개의 염기를 하나의 코돈(codon)이라고 한다. 하나의 코돈은 하나의 아미노산을 지정한다. 예를 들어서 GUG의 3개 염기는 발린(valine) 아미노산을 지정한다.

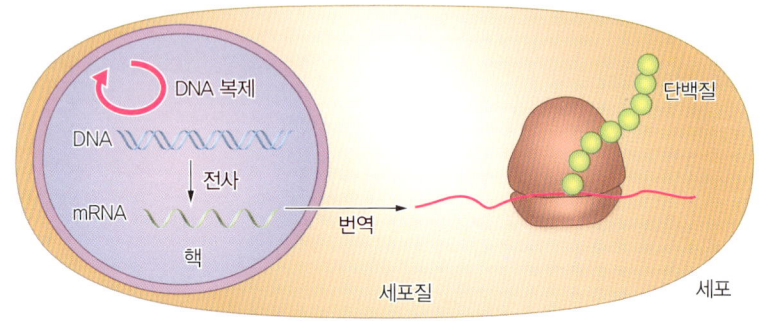

그림 8. 분자생물학의 중심 원리

사진설명
❷ 존 내쉬가 암호를 해독하는 장면

콜린스는 그의 책 「신의 언어」에서 다음과 같이 설명한다. A, C, T, G 가운데 세 개를 결합해 만들 수 있는 조합의 수는 64가지이지만 실제 아미노산은 20가지뿐이다. 그렇다면 남는 게 있다는 이야기다. 예를 들면 DNA와 RNA에서 GAA는 글루탐산이라는 아미노산을 만드는데, GAG 역시 같은 아미노산을 만든다. 세균부터 인간에 이르기까지 여러 생물을 연구한 결과, DNA와 RNA에 담긴 정보를 단백질로 번역하는 데 쓰이는 이 '유전암호'는 이제까지 알려진 모든 생물에서 공통이라는 사실이 밝혀졌다. (콜린스, 신의언어, 김영사)

유전 암호(출처: 톰슨&톰슨 의학유전학 8판. 범문사)

첫번째 염기	두번째 염기								세번째 염기
	U		C		A		G		
U	UUU UUC	페닐알라닌	UCU UCC UCA UCG	세린	UAU UAC	티로신	UGU UGC	시스테인	U C
	UUA UUG	류신			UAA	(종결코돈)	UGA	(종결코돈)	A
					UAG	(종결코돈)	UGG	트립토판	G
C	CUU CUC CUA CUG	류신	CCU CCC CCA CCG	프롤린	CAU CAC	히스티딘	CUG CGC CGA CGG	아르기닌	U C A G
					CAA CAG	글루타민			
A	AUU AUC AUA	이소류신	ACU ACC ACA ACG	트레오닌	AAU AAC	아스파라긴	AGU AGC	세린	U C
	AUG*	메티오닌			AAA AAG	리신	AGA AGG	아르기닌	A G
G	GUU GUC GUA CUG*	발린	GCU GCC GCA GCG	알라닌	GAU GAC	아스파르트산	GGU GGC GGA GGG	글리신	U C A G
					GAA GAG	글루탐산			

* 개시코돈

이러한 내용은 DNA의 문자가 단백질의 문자를 결정한다는 것을 의미한다. 따라서 유전암호는 하나의 문자를 다른 문자로 번역해 주는 사전과도 같다고 할 수 있다. 유전암호와 mRNA에 관한 연구의 공로로 1968년에 미국의 로버트 홀리, 고빈드 코라나, 마셜 니런버그 등은 노벨생리의학상을 수상했다.

Story_07

돌연변이
영화 〈엑스맨 퍼스트 클래스〉

찰스 자비에와 에릭 랜셔가 각각 '프로페서 X'와 '매그니토'라는 이름을 얻기 전 1960년대 '냉전 시대'. 이상적인 환경에서 자라 유전자학을 공부하는 찰스는 자신에게 특별한 텔레파시 능력이 있음을 깨닫고 '돌연변이'의 존재에 대해 자각하기 시작한다. 그리고 세계 각지를 돌며 때론 '다르다'는 이유로, 혹은 안전하지 못하다고 차별받는 돌연변이들을 규합하고 '헬파이어 클럽'에 대항하는 엑스맨 팀을 만들기 시작한다.

(네이버 영화정보)

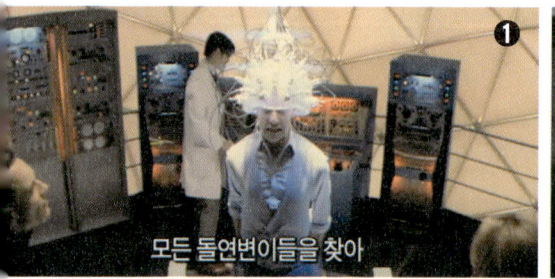 

 영화 엑스맨 시리즈는 돌연변이를 주제로 한 대표적인 영화다. 일반적인 돌연변이와는 다른 의미로 영화에서는 엑스맨을 유전적으로 변형이 일어난 초능력자쯤으로 표현한다.

 미국의 유전학자인 허먼 조지프 멀러(1890~1967)는 방사선이 돌연변이를 일으키는 것을 증명하여 1946년 노벨생리의학상을 받았다. 우리 몸의 돌연변이는 크게 두 가지로 구분된다. 하나는 체세포 돌연변이(somatic mutation)다. 다른 하나는 생식세포 돌연변이(germline mutation)다.

체세포 돌연변이와 생식세포 돌연변이의 차이

 체세포(somatic cell)와 생식세포(germline cell)의 차이는 무엇인가? 체세포는 말 그대로 우리 몸에 있는 대부분 세포를 말한다. 생식세포는 무엇인가? 이것은 바로 정자, 난자를 의미한다.

 앞서 영화 <다키스트 아워>에서 흡연이 폐암의 원인임을 이야기하였다. 흡연할 때의 발암물질이 폐 세포에 돌연변이를 일으켜서 암세포가 되는 것이다. 그럼 이때 생긴 폐 세포의 돌연변이는 둘 중 어떤 돌연변이인가? 체세포 돌연변이다. 흡연으로 인한 폐 세포의 돌연변이는 자녀에게 전달이 될까? 자녀에게 전달이 안 된다. 단지 담배를

사진설명
❶ 프로페서 X가 돌연변이를 찾는 장면

피운 본인의 폐 세포에만 돌연변이가 생긴다. 이것이 체세포 돌연변이의 특징이다. 즉, 자녀에게는 전달이 안 되는 돌연변이다. 이러한 돌연변이는 나 자신의 특정 조직에만 국한한다. 다르게 얘기하면, 폐 세포의 돌연변이는 정자 또는 난자의 유전자에는 아무런 영향을 주지 않기 때문에 자녀에게는 전달이 안 되는 것이다.

생식세포 돌연변이는 어떨까? 정자나 난자를 만드는 과정에서 흡연한다든지, 방사성 물질에 노출이 된다든지, 여러 발암물질에 노출이 되어서 정자나 난자의 유전자에 돌연변이가 생기면 어떨까? 자녀에게 전달이 될까? 이 생식세포 돌연변이는 자녀 세대에게 전달이 된다. 이는 감수분열을 통하여 생식세포가 만들어지는 과정에서 생기는 돌연변이다. 즉, 남성의 정자와 여성의 난자가 형성되는 과정에서 만들어진 돌연변이다.

한편, 정자 내의 DNA는 난자의 DNA보다 훨씬 더 많은 복제주기를 거치므로 복제 오류에 기인한 유전자 돌연변이들은 모친 측보다는 부친 측에서 기원하는 것이 더 흔할 것으로 생각된다.

오역 돌연변이의 대표적인 사례로서 겸상적혈구 빈혈증

돌연변이 중에서도 아미노산의 번역에 영향을 주는 것을 오역 돌연변이(missense mutation)라 한다. 오역 돌연변이의 대표적인 사례가 겸상적혈구 빈혈증이다.

헤모글로빈을 구성하는 유전자에는 모두 146개의 아미노산이 있는데, 그 중 딱 하나, 글루탐산(glutamic acid)이 발린(valine)으로 바뀐 것 때문에 이 빈혈증에 걸린다. 즉, 그림 9처럼 베타글로빈의 146개 코돈 중에서 6번째 코돈에서 염기 하나가 바뀌면서 글루탐산이 발린 아미노산으로 바뀌어 정상적인 둥근 형태의 적혈구가 아닌 낫 모양의 뾰쪽한 적혈구를 만드는 질병이다(그림 9).

미국 캘리포니아공대의 리누스 폴링은 겸상적혈구 빈혈증의 원인 돌연변이를 밝힌 공로로 1954년에 노벨화학상을 받았다.

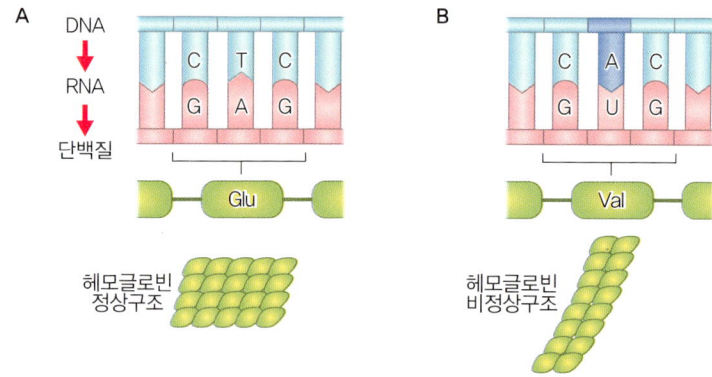

그림 9. 겸상적혈구 빈혈증의 돌연변이
(출처: 생명과학 길라잡이, 라이프사이언스, 2004)

Story_08
유전자 지문
영화 〈컨빅션〉

서로를 의지해 살아가던 '베티 앤'과 '케니' 남매. 그러던 어느 날, '케니'는 억울한 누명을 쓴 채 종신형을 선고받고 교도소에 수감된다. '베티 앤'은 사랑하는 오빠를 감옥에서 구해내기 위해서 끊임없이 노력하지만, 변호사들은 모두 끝난 사건이라고 말하며 사건 맡기를 거부한다. 점점 지쳐가는 오빠의 모습을 보고 있던 '베티 앤'은 자신이 변호사가 되어 오빠를 구해내기로 마음먹는다.

(네이버 영화정보)

베티 앤의 성공 실화를 담은 영화 <컨빅션>은 1980년이 영화의 배경이다. 살인사건이 발생하고 낸시 테일러 경관은 케니를 살인범으로 특정한다. 케니의 혈액형이 O형으로 범죄현장의 혈흔 혈액형과 일치했기 때문이다. 케니 가정은 가난하여 변호사를 선임할 돈이 없다. 국선 변호사를 선임하지만 케니는 1983년에 종신형을 선고받는다. 베티 앤이 오빠의 억울함을 풀고자 로스쿨에 진학하고 법을 공부하여 진실을 밝혀내는 내용으로 실화를 바탕으로 한다.

학문적 기반이 부족했던 베티 앤은 16년이 지나서야 변호사가 된다. 그리고 유전자 검사가 범죄 수사에 최신 기법으로 활용되는 것을 알게 된다. 결국, 유전자 검사를 통해서 오빠의 억울함을 풀게 되고 오빠는 18년간 복역 후에 출소한다. 영화 마지막 부분에 이런 글이 나온다.

"2009년 미국 정부와 낸시 테일러 경관으로부터 340만 달러의 합의금을 받는다. 1989년부터 최근까지 242명이 DNA 검사를 통해서 결백을 입증했다. 그중 17명은 사형수였다."

사진설명
❶ 변호사 시험 합격 후 기뻐하는 베티 앤과 케니

유전자 지문이란?

인간유전체 DNA 정보 중에 5% 정도만이 실제로 단백질을 암호화하고, 나머지 95% 정도는 단백질을 암호화하지 않는 영역이다. 비암호화 부분 중에서도 거의 50%는 반복 서열로 되어있다. 이러한 반복 서열 중에서 대표적인 것이 미세부수체(microsatellite)다. 미세부수체는 STR(short tandem repeat)이라고도 한다. STR은 2~5개 염기의 반복단위가 수 회부터 수십 회 반복되는 것이다. 이것이 바로 유전자 지문에 자주 활용된다.

아래 그림의 예처럼 특정 염기 'AATG'가 인간 유전체의 특정 부위에 나타나는데 어떤 사람은 7번이 반복되고, 어떤 사람은 8번이 반복되고, 또 다른 사람은 5번 반복되는 등 사람마다 반복되는 정도가 다르다. 이러한 미세부수체를 표지자(marker)로 활용하는 것이다. 범죄수사를 예로 들면 범죄현장에서 채취한 DNA의 미세부수체 반복 숫자와 범죄 용의자의 혈액에서 얻은 DNA의 미세부수체 반복 숫자를 비교하여 다르면 그 사람은 범인이 아니다. 실제로 미세부수체 표지자 여러 개를 활용하면 범인을 확인할 수 있다.

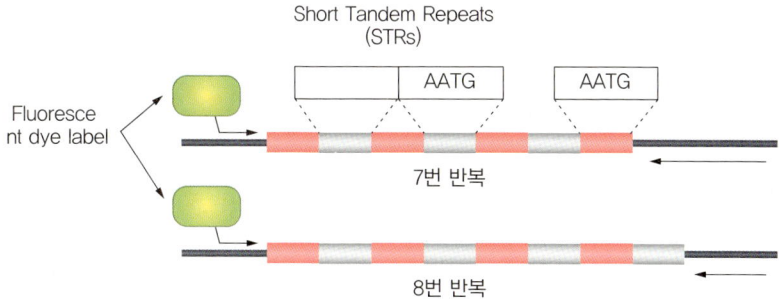

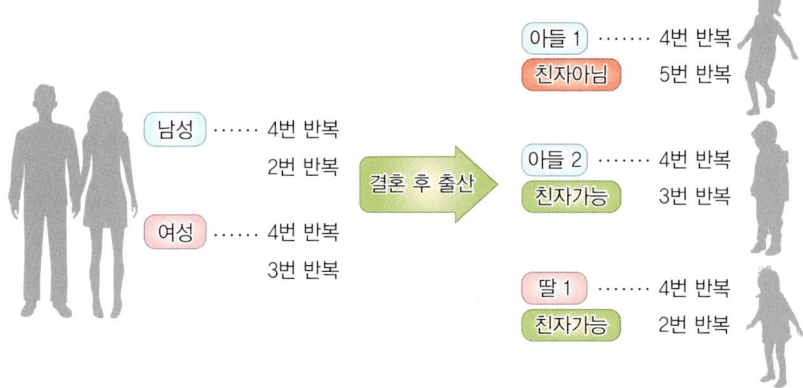

　미세부수체 표지자는 범인 수사뿐 아니라 친자확인 검사에도 많이 활용된다. 위의 그림에서 아버지의 미세부수체 정보는 4번, 2번 반복이고, 어머니는 4번, 3번 반복이다. 이 경우 아들1의 5번 반복이라는 정보는 부모에게서 올 수가 없다. 즉, 아들1은 친자가 아니다.

　2021년 8월 17일에 '아이 바꿔치기 혐의 구미 3세 여아 친모 징역 8년'이라는 다음의 뉴스 보도가 있었다. (SBS 뉴스 2021.08.17.)

　"경북 구미 3세 여아 사망 사건과 관련해 '아이 바꿔치기' 의혹을 받는 친모 석 모(48)씨에게 법원이 1심에서 징역 8년을 선고했습니다.

　이 사건은 당초 아동학대 사건으로 알려졌으나 숨진 3세 여아 외할머니로 알려진 석 씨가 유전자(DNA) 검사에서 친모로 밝혀지고 아이 바꿔치기 여부 등으로 큰 주목을 받았습니다. 국립과학수사연구원과 대검 과학수사부가 각각 시행한 검사에서 모두 석 씨가 숨진 여아 친모인 것으로 확인됐습니다. 그러나 석 씨는 재판에서 '아이를 낳은 적이 없고 따라서 아이들을 바꿔치기하지도 않았다'며 혐의를 부인해왔습니다. 석 씨 아이는 지난해 8월 초 김 씨가 이사하면서 빈집에 방치해 같은 달 중순 숨졌고, 올해 2월 10일 시신으로 발견됐습니다."

Story_ **09**

유전자형과 표현형
영화 〈살인의 추억〉

1986년 경기도. 젊은 여인이 무참히 강간, 살해당한 시체로 발견된다. 2개월 후, 비슷한 수법의 강간살인 사건이 연이어 발생하면서 사건은 세간의 주목을 받기 시작하고, 일대는 연쇄살인이라는 생소한 범죄의 공포에 휩싸인다. 선제공격에 나선 형사들은 비 오는 밤, 여경에게 빨간 옷을 입히고 함정 수사를 벌인다. 그러나 다음 날 아침 돌아오는 것은 또 다른 여인의 끔찍한 사체.

(네이버 영화정보)

영화 <살인의 추억>은 2003년 개봉했다. 당시 극장에서 몰입하여 보았던 기억이 난다. 그리고 살인범이 잡히지 않은 미제 사건인 것이 안타까웠다.

2019년에 영화 <컨빅션>과 같은 일이 우리나라에 일어났다. 대표적 미제 사건인 화성 연쇄살인범이 유전자 지문검사를 통해서 특정된 것이다. 살인범 이춘재다. 또한, 영화 컨빅션의 주인공이 억울하게 18년을 복역한 것처럼 화성 연쇄살인 8차 사건의 범죄자로 복역했던 인물이 자신의 무죄를 주장하고 이춘재는 본인이 8차 사건의 범인이라고 자백했다.

관련 뉴스를 접하면서 살인범 이춘재가 잡힐 기회가 많았는데 범죄현장에서 발견된 혈액형과 이춘재의 혈액형이 달라서 놓쳤다는 뉴스 기사를 보았다. 또한 MBC「스트레이트」는 '화성연쇄조작사건'이라는 제목으로 8차 사건의 누명을 쓴 윤성여씨에 대해 다음과 같이 보도했다.

"경찰이 궁지에 몰렸을 무렵인 1989년 7월. 경찰이 8번째 살인 사건의 범인을 잡았다고 밝힙니다. 당시 22살, 어릴 때 소아마비를 앓아 한쪽 다리를 못 쓰는 윤성여씨가 화성 연쇄 살인 8차 사건의 범인이라는 겁니다.

윤씨의 혈액형이 B형이라는 점, 사건 현장에서 발견된 범인의 체모와 윤씨의 체모에서 같은 성분이 검출됐고, 모양도 비슷하다는 게 결정적 증거였습니다. 황당한 건, 나중에 잡힌 진범 이춘재의 혈액형은 O형이었습니다. 경찰조서 내용도, 방송사 카메라 앞에서 한 얘기도, 강압에 못이긴 허위 자백이었던 겁니다. 그러나 당시 재판부는 범인의 체모와 윤씨의 체모가 같을 수도 있다는 국립과학수사연구소의 의견을 증거로 채택해, 윤성여 씨에게 무기징역을 선고했습니다. 지난 2009년, 윤씨는 모범수로 감형돼 20년 만에 가석방되었다.

화성연쇄살인 첫 번째 사건이 발생한지 33년 만인 2019년 9월. 처제를 살해해 유기한 혐의로 25년째 무기 징역을 살고 있던 1963년생 이춘재가 화성연쇄살인 사건의 용의자로 지목됐습니다. 경기남부경찰청 '미제사건수사팀'이 수감 중인 이춘재의 DNA를 국과수에 분석 의뢰했더니, 화성연쇄살인사건 3차, 4차, 5차, 7차, 9차의 범인 DNA와 일치했던 겁니다.

이춘재의 자백으로 무엇보다 억울하게 옥살이를 한 윤성여 씨의 결백이 드러났습니다. 담을 넘어 들어갔고, 혈액형이 B형이었다는 당시 경찰의 수사내용 전부, 거짓으로 드러났습니다. 진범의 혈액형이 O형이었음에도 애꿎은 B형 용의자들만 4만 명 넘게 조사했던 겁니다."(MBC 스트레이트, 2021.06.27.)

사진설명
❶ 끝내 범인을 잡지 못하고 안타까워하는 장면
❷ 경찰서에서 형사들의 수사 회의 장면

혈액형을 결정하는 유전자가 있나?

오스트리아의 병리학자인 카를 란트슈타이너(1863~1943)는 사람의 혈액 군에 관한 연구를 시작하여 ABO식 혈액형을 발견했다. 그로 인해 치료 목적의 수혈이 다시 시작되었고 많은 생명을 살릴 수 있었다. 이 공로로 그는 1930년에 노벨생리의학상을 받았다.

ABO 혈액형 결정 유전자는 9번 염색체에 위치한다. ABO식 혈액형은 대립유전자(allele)가 A, B, O 3개가 있다. 이때 우성 형질은 A와 B이고, O는 열성이다. A와 B 사이에는 우열 관계가 존재하지 않는다. 따라서, ABO식 혈액형의 표현형(phenotype)은 A형, B형, AB형, O형의 4종류로 나타날 수 있으며, 유전자형(genotype)은 6종류가 있다. 또한, 흥미로운 사실은 우리나라는 A형이 많지만, 서양에서는 B형이 더 많다. 혈액형의 분포는 인종마다 차이가 크다.

ABO 혈액형 유전자형과 표현형

유전자형	적혈구에서 표현형
OO	O
AA 또는 AO	A
BB 또는 BO	B
AB	AB

인간유전체 염기는 어떻게 유전자형을 이루는가?

사람은 부모에게서 각각 23개의 염색체를 물려받아 모두 23쌍의 염색체를 가지게 된다. 아버지에게 받은 23개를 부계 염색체(paternal chromosome), 어머니에게 받은 23개를 모계 염색체(maternal chromosome)라 한다. 즉, 총 46개의 염색체가 있다. 1번부터 22번까지의 상염색체는 같은 모양과 같은 크기로 쌍을 지은 염색체가 두 개씩 있다. 이것을 상동염색체(homologous chromosome)라 한다. 상동염색체들은 동일한 유전정보를 가지고 있다. 상동염색체 쌍 2개 중 하나는 아버지에게 받은 부계 염색체이고, 다른 하나는 어머니에게 받은 모계 염색체이다.

인간의 염기가 어떻게 유전자형으로 표현되는지 살펴보자. 9번 염색체의 혈액형 유전자로 예를 들겠다. 부계 염색체와 모계 염색체 모두 같은 위치(locus)에는 혈액형 유전정보를 가진다. 그러나 같은 위치에 다른 형태의 혈액형 유전정보를 가질 수 있는데, 이것을 대립유전자(allele)라 한다.

아래 그림에서 아버지, 어머니 모두에게서 A를 받은 AA 유전자형(genotype)인 경우는 A형 혈액형을 갖는다. 아버지에게서 A, 어머니에게서 B를 받은 AB 유전자형인 경우는 AB형 혈액형을 갖는다. 아버지에게서 A, 어머니에게서 O를 받은 AO 유전자형인 경우는 A형 혈액형을 갖는다. 이때 혈액형 유전자 위치에 A 대립유전자가 올 수도 있고, B 대립유전자가 올 수도 있고, O 대립유전자가 올 수도 있다. 또한, 유전자형의 결과로 발현되는 혈액형을 표현형(phenotype)이라 한다. 즉 표현형은 유전자형이 나타나는 결과 또는 특징이라 할 수 있다.

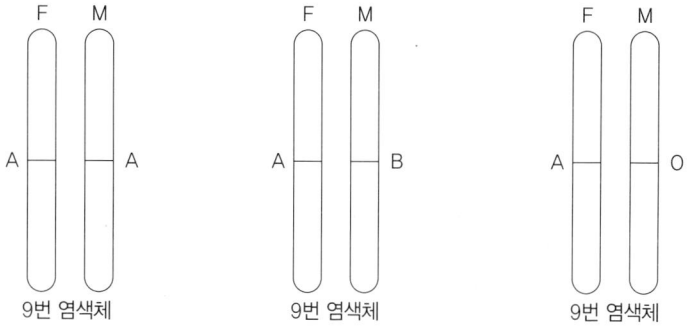

* 아버지에게 온 부계 염색체를 F(father)로 표시하고, 어머니에게 온 모계 염색체를 M(mother)로 표시

Story_10
왜 사람들의 모습은 다 다른가?
영화 〈위대한 쇼맨〉

쇼 비즈니스의 창시자이자, 꿈의 무대로 전 세계를 매료시킨 남자 '바넘'의 이야기에서 영감을 받아 탄생한 오리지널 뮤지컬 영화 〈위대한 쇼맨〉.

(네이버 영화정보)

<위대한 쇼맨>은 2017년 개봉한 영화다. 뉴욕의 초창기 서커스단에 관한 이야기다. 서커스단을 모집하는 과정에서 키가 매우 큰 사람, 뚱뚱한 사람, 턱수염이 난 여성, 키가 매우 작은 난쟁이 등 다양한 표현형(phenotype)을 가진 이들이 등장한다.

왜 사람들의 모습은 다 다른가?

이는 사람마다 유전체가 모두 다르기 때문이다. 즉 유전적 다형성 때문이다. 유전학을 공부하는 학생들이 어려워하는 용어 중 하나가 다형성(polymorphism)이다.

돌연변이(mutation)와 다형성(polymorphism)

돌연변이는 많이 들어서 알고 있다. 사실, 이 둘은 같은 개념이다. 돌연변이(mutation)가 결국은 다형성이 된다. 특정 돌연변이가 인구집단에서 매우 많아지면 우리는 더는 그것을 돌연변이라 하지 않고 다형성이라고 부르는 것이다.

예를 들면, 만약 전 세계 인구가 10만 명만 있다고 가정하고 그들 10만 명이 전부 피부색이 까만 흑인이라고 하자. 이때 새롭게 태어난 한 아이가 피부색이 하얀색이라면 그 아이를 돌연변이라고 할 수

사진설명
❶ 턱수염이 난 여성이 서커스에 나오는 장면

있겠다. 그런데 그 아이가 결혼하고 자녀를 낳고 수십 세대를 거쳐서 피부색이 하얀 사람들이 10만 명 중에 1만 명 정도로 많아진다면 우리가 이제는 그들을 돌연변이라고 부를 수는 없을 것이다. 이때 우리는 그들을 백인, 또는 다른 인종이라고 부를 것이다. 유전학에서도 돌연변이 대신에 다형성(polymorphism)이라고 부르는 것이다.

아래 그림에서 인구 A의 유전체 DNA의 특정 위치에 대부분 A 염기를 가지고 있다가 한 명이 T를 가진 사람이 태어나면 돌연변이라 할 수 있으나, 오른쪽 그림처럼 T를 가진 사람의 수가 증가하면 돌연변이라는 말 대신에 다른 형태라는 의미의 다형성이라는 용어를 사용한다.

이렇게 하나의 염기가 사람마다 다른 것을 SNP(스닙)이라고 한다. SNP는 단일염기 다형성(single nucleotide polymorphisms)의 약어다. 그러면 얼마나 많아야 다형성이라고 말할 수 있을까? 일반적으로 많이 사용되는 기준은 1%이다. 즉 돌연변이가 100명 중 1명 이상으로 흔해지면 다형성이라고 부른다.

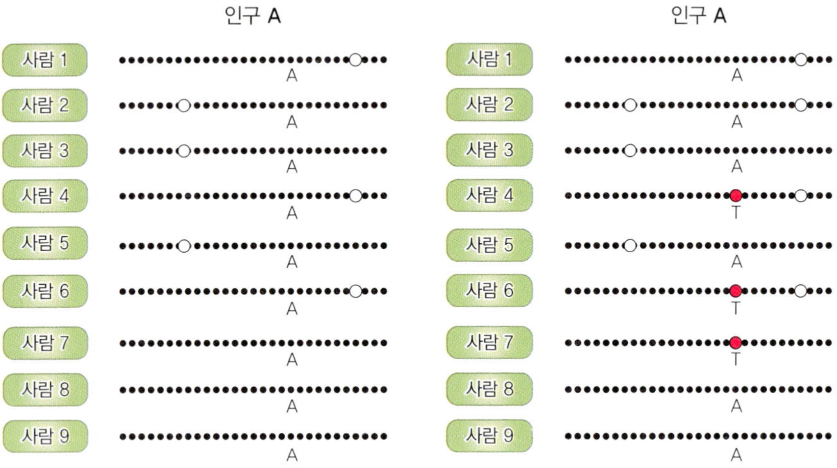

대립유전자(allele)와 유전자형(genotype)

인간 유전체의 유전자는 2개의 같은 세트(copy)를 가지고 있다. 하나는 어머니에게서 받은 것이고, 다른 하나는 아버지에게서 받은 것이다.

아래 그림은 3명의 사람에게서 인간 유전체의 같은 위치를 비교한 것이다. 아버지 쪽(Dad's), 어머니 쪽(Mom's)의 DNA 염기서열을 보여준다. 인간 유전체 사업을 통해서 알게 된 사실 중 하나는 사람마다 염기서열이 거의 같다는 것이다. 그런데 그림에서 polymorphism(다형성)이라고 표시된 부위에서 사람마다 염기가 다른 것을 알 수 있다. 그 위치에서 어떤 DNA(염색체)는 A allele을, 어떤 DNA는 T allele을 가진다. 이렇게 인간 유전체에서 같은 위치에서 받을 수 있는 유전자의 다른 형태를 대립유전자(allele)라 한다.

유전자형은 무엇인가? 유전체의 아버지 쪽, 어머니 쪽의 대립유전자 조합이다. 즉, 그림에서 첫째 사람은 TT 유전자형을, 둘째 사람은 TA 유전자형을, 셋째 사람은 AA 유전자형을 가진다. 유전자형이 같은 대립유전자의 조합인 경우를 동형접합자(homozygote)라 하고, 다른 대립유전자의 조합인 경우는 이형접합자(heterozygote)라 한다. 즉, TT, AA 유전자형은 동형접합자이다. TA 유전자형은 이형접합자라 한다.

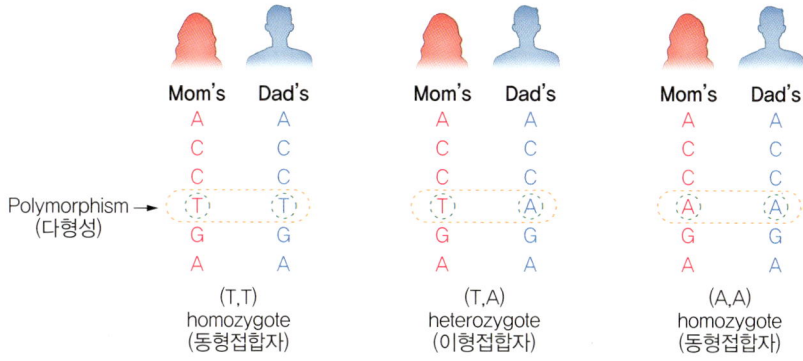

단일염기 다형성, SNP

아래 그림에서 두 사람의 염기서열이 같다가 특정 위치에서 한 사람은 G를, 다른 사람은 T를 가진다. 그 위치, 즉 하나의 염기가 다른 부위를 우리는 단일염기 다형성(single nucleotide polymorphism, SNP)이라 한다. 이 SNP를 여기서 강조하는 이유는 이것이 질병 유전자를 연구하는 데 있어서 표지자(마커)로서 많이 활용되기 때문이다.

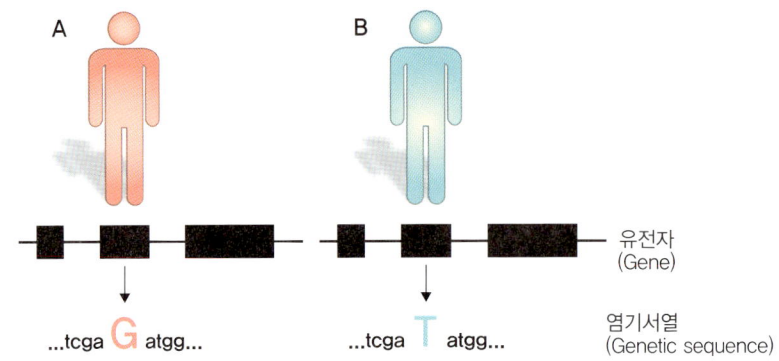

인간 유전체에는 대략 1천만 개 정도의 SNP가 있는 것으로 추정된다. 이 다형성 부위에 따라 약물 감수성이 결정된다. 약리학이나 독성학을 공부하면 같은 약이라도 서양인과 동양인 사이에 권장용량이 다른 약물도 있다. 그 이유 중 하나가 인종 간에 약물 대사와 관련 있는 유전자 다형성이 다르기 때문이다. 더 중요한 것은 다형성이 특정 질병에 어떤 사람은 잘 걸리고 다른 사람은 안 걸리는 질병의 감수성과도 밀접한 관련이 있다는 것이다.

광우병과 단일염기 다형성(SNP)

2008년 초에 우리나라 광화문 광장에 광우병으로 촛불시위가 한창일 때 논란이 되던 뉴스 기사가 있었다. 한 국내 연구자의 논문을 인용하여서 "우리나라 사람이 유전적으로 광우병에 취약하다"는 내용의 뉴스 기사가 논란이 된 것이다. 당시 기사 중 하나를 요약하면 다음과 같다.

김 교수팀의 논문 제목은 우리말로는 '한국인에서 프리온 단백질 유전자(PRNP)의 다형성'이다. 영문 제목으로는 'Polymorphisms of the prion protein gene(PRNP) in a Korean population'이다. 연구팀은 건강한 한국인 529명을 대상으로 프리온 단백질 유전자 다형성을 조사했다. 조사 결과, 프리온 단백질 염기서열 129번에서 유전자형 빈도는 94.33%가 메티오닌-메티오닌형(M/M형), 5.48%는 메티오닌-발린형(M/V형), 0.19%는 발린-발린형(V/V형)으로 나타났다. 메티오닌과 발린, 그리고 글루탐산과 라이신은 아미노산의 일종이다.

지금까지 발생한 인간광우병 환자는 거의 100% M/M형이었다. 실제로 지난 2004년 영국에서 인간광우병 환자 124명의 프리온 단백질 유전자를 조사한 결과, 모두 129번째 아미노산(단백질의 구성단위) 자리에 부계와 모계에서 각각 메티오닌을 받은 것으로 나타났다. (연합뉴스 2008년5월6일).

우선 이 기사 내용은 1편의 논문만으로 결론을 내리기에는 근거가 부족하다. 또한, 연구에 참여한 연구대상자는 건강한 한국인 529명으로 표본 수가 많지 않다. 2008년 5월 8일 연합뉴스 보도를 보면 연구자들도 논문에서 유전자형과 인간광우병의 연관성을 밝힌 논문은 아니라고 한다. (연합뉴스 2008.05.06.)

한편, 유전자형을 말할 때 AA, AT, TT처럼 염기로 표기할 수도 있고, 염기가 만드는 아미노산으로 표시할 수도 있다. 이 프리온 뉴스에서는 아미노산으로 표시했다. 즉, 아미노산 M(메티오닌), V(발린)으로 유전자형을 말한 것이다.

오직 하나뿐인 그대

2021년 5월 '저주받았다 버려진 알비노 중국 아기, 보그 표지 모델 됐다'는 제목의 뉴스가 있었다.

"알비노 증후군(백색증·신체의 일부 또는 전체에 색소가 없는 현상) 때문에 중국에서 태어나자마자 부모에게 버려졌던 여자아이가 세계적인 패션 잡지 보그의 표지 모델이 됐다. 영국 BBC는 흰 피부와 금발을 타고 난 중국 출신 패션모델 수에리 애빙(16)의 사연을 최근 보도했다. 알비노 증후군이란 눈·피부·머리카락의 색깔에 영향을 미치는 색소 멜라닌이 세포에서 생성되지 못하는 유전 질환. 색소가 결핍돼 피부가 흰색으로 변하고 햇빛에 매우 민감해지게 된다." (조선일보 2021.05.06.)

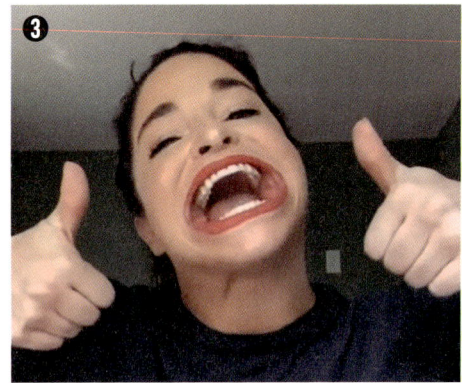

2021년 8월에는 "세계에서 가장 큰 입"…기네스북에 오른 美 여성이라는 제목의 뉴스가 보도되었다. 바로 31살의 미국 코네티컷주 출신 여성 서맨사 램즈델이다. '세계에서 가장 큰 입을 가진 여성'으로 서맨사 램즈델이 기네스북에 등재됐다고 CNN 등 외신이 지난 8월 1

사진설명
❷ 패션모델 수에리 애빙
❸ 세계에서 가장 입 큰 여성: 서맨사 램즈델

일 보도했다. (KBS 뉴스, 2021.08.03.)

최근에 노래방에 가면 즐겨 부르는 노래가 있다. 가수 심신의 '오직 하나뿐인 그대'이다. 흥겨운 가락으로 노래방에서 부르기 좋다. 사실 내가 이 노래를 좋아하는 이유는 따로 있다. 그 가사가 마음에 들기 때문이다.

"이 아름다운 세상에, 오직 하나뿐인 그대~"

이 가사는 유전학 지식으로 볼 때 맞는 말이다. 전 세계 78억 이상 인구 중에서 나와 같은 유전체 염기서열을 가진 사람은 하나도 없다. 그야말로 오직 하나뿐이다.

Story_ 11

쌍둥이와 후성유전학
영화 〈트윈스터즈〉

LA에 사는 사만다는 어느 날, 낯선 이로부터 페이스북 친구 신청을 받는다. 그녀의 이름은 프랑스에 사는 동갑내기 아나이스 보르디에. 호기심에 아나이스의 친구 신청을 수락한 사만다는 자신과 신기할 정도로 똑같이 생긴 아나이스의 프로필 사진에 깜짝 놀란다. 그들은 25년 동안 서로의 존재조차 모른 채 살아온 쌍둥이 자매였던 것! 2016년 봄, 전 세계를 발칵 뒤집은 영화보다 더 영화 같은 기적의 이야기로 화제가 된 〈트윈스터즈〉 줄거리다.

(네이버 영화정보)

<트윈스터즈>에서 일란성 쌍둥이인 샘과 아나이스가 공통점과 차이점을 확인하는 장면이 있다. 자라온 환경이 전혀 다르니 피부색도 약간 차이가 난다. 키는 샘은 149cm, 아나이스는 151cm로 아나이스가 더 크다. 유전체가 100% 같은 일란성 쌍둥이의 키 차이는 왜 날까? 물론 환경적인 요인의 차이 때문이다. 최근에는 이것을 후성유전학의 차이로 설명한다. 후성유전학이란 무엇일까?

10년 전쯤 있었던 일이다. 강의 도중 한 학생이 질문을 했다. 처음에는 왜 그런 질문을 하는지 몰라서 당황했다.

"유전자도 바꿀 수 있나요?"

수업 이후에 대화를 나눠보니, 2009년 11월 SBS 스페셜에서 '당신이 먹는 게 삼대를 간다'라는 제목으로 다큐멘터리를 방영한 것이다. 생활습관에 따라 유전자도 바뀐다는 내용이다.

사실 '유전자를 바꿀 수 있나요?'라는 질문에 대한 일반적인 답은 '바꿀 수 없다'이다. 이것은 우리가 부모로부터 물려받는 생식세포 돌연변이(germline mutation)에 대해서는 사실이다. 최근 기술이 발전하여 유전자 변이를 유전자 가위(CRISPR/Cas9)로 교정하기도 한다. 유전자가위 기술을 개발한 연구자인 프랑스 출신 에마뉘엘 샤르팡티

사진설명
❶ 쌍둥이 연구소에서 서로의 공통점과 차이점을 확인하는 장면

에 독일 막스 플랑크 병원체연구소 교수(52)와 제니퍼 다우드나 미국 버클리 캘리포니아대 교수(56)가 2020년에 노벨 화학상을 받았다.

그러나 아직 윤리적인 문제를 포함한 여러 가지 이유로 타고난 유전체 염기서열을 바꿀 수는 없다. 타고난 대로 살 수밖에 없다. 그러면 왜 그런 내용의 다큐멘터리가 방영되었을까?

다큐멘터리에서 유전자를 바꿀 수 있다고 설명한 것은 바로 후성유전학(epigenetics)이다.

후성유전학의 주된 기전은 DNA 메틸화(methylation)이다. 즉, 유전자에 어느 정도의 메틸기가 붙어 있어서 유전자 발현을 통제한다. 이는 염기 중 하나인 사이토신(Cytosine)의 다섯 번째 탄소에 메틸(methyl)기-CH3가 달라붙는 것을 말한다. 그런데 이 메틸기가 유전자에 붙어 있는 정도도 부모로부터 물려받는다. 그러나 이것은 돌연변이와는 다르게 후천적인 노력으로 바꿀 수가 있다. 즉 좋은 식습관이나 운동 등에 의하여 좋은 방향으로 바뀔 수가 있다. 그래서 SBS 다큐멘터리에서는 '당신이 먹는 것이 삼대를 간다'라는 제목으로 설명이 되었다. 다큐멘터리에서 연세대 김영준 교수는 "유전자는 하드웨어이고, 후성 유전체는 소프트웨어입니다. 유전자가 놀랍도록 다양한 단백질, 세포 유형, 개체를 만드는 하드웨어라면 후성 유전체는 그것을 작동시키는 소프트웨어입니다. 유전자는 컴퓨터를 구성하지만 후성 유전체는 컴퓨터가 어떻게 작동하는지 말해주는 소프트웨어입니다."라고 했다. (당신이 먹는 게 삼대를 간다. 민음인)

유전학과 후성유전학의 차이

유전학(genetics)은 우리가 흔히 말하는 돌연변이를 다루는 분야이다. 즉, 염기서열(A,T,G,C)의 변화를 다룬다. 반면 후성유전학은 돌연변이와는 무관하고 염기서열의 변화도 없다. 주로 메틸기가 달라붙어서 유전자의 발현(표현)을 통제하는 것이다(그림 10). 유전자에서 메틸화가 중요한 곳은 유전자의 앞부분인 프로모터(promoter)의 CpG 지역이다. 이 CpG 지역은 말 그대로 C와 G 염기가 많은 부분이다. 후성유전학의 기전은 메틸화 이외에도 히스톤 단백질 수정 등 다른 것들도 있다.

암세포에서 주된 특징 중의 하나는 후성적(epigenetic) 변화이다. 암세포는 유전자 앞부분(프로모터 지역)에 정상 세포보다 메틸기가 많이 달라붙어서 유전자 발현이 억제된다. 김경철 박사는 그의 책 「유전체, 다가온 미래의학」에서 "유전자 프로모터의 과메칠화(Hypermethylation)는 종양 억제 유전자의 스위치를 끄게 되므로 암이 발생한다"고 설명했다.

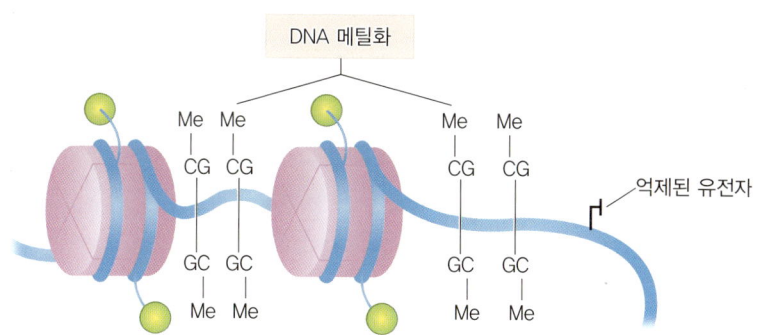

그림 10. DNA 메틸화 기전(출처: 톰슨&톰슨 의학유전학 8판. 범문사)

Story_ 12

유전체 각인
영화 <트와일라잇 브레이킹던>

르네즈미를 잉태하면서 죽음의 순간까지 닿았던 벨라는 그녀를 살리기 위한 에드워드의 노력으로 마침내 뱀파이어로 다시 태어나고, 제이콥이 자신의 딸 르네즈미에게 '각인'되었다는 사실을 알고 충격에 빠진다. 신이 허락하지 않은 인간과 뱀파이어의 사랑이 불러온 위험천만한 전운이 '컬렌'가를 감돌고 벨라와 르네즈미를 지키기 위해 전 세계에 흩어져 있는 뱀파이어들을 모은 에드워드는 볼투리의 군대와 최후의 전쟁을 시작하는 이야기 영화 <트와일라잇 브레이킹던>.

(네이버 영화정보)

영화 <트와일라잇>의 늑대인간이 사람을 보면 각인이 된다는 흥미로운 설정은 현실에서 가능한가? 물론 가능하지 않다. 또한, 이 영화에서 각인은 특별한 의미다. 늑대인간은 한 번 각인된 대상의 영원한 친구이자 수호자로 살아야 한다.

그런데 이 영화에서 사용된 각인이라는 단어는 영화의 영어자막을 보면 'imprinting'이라는 말이다. 현실에서는 아주 영화 같은 각인은 없지만, 유전학에 비슷한 '유전체 각인(genomic imprinting)'이라는 현상이 있다.

성염색체는 여자는 XX, 남자는 XY 형태를 띠기 때문에 다르게 유전될 수밖에 없어서, 이런 성염색체 상에 존재하는 유전자들은 부모 중 어느 한쪽에서만 유전물질을 받게 된다. 수는 적지만, 상염색체 상에서도 엄마 쪽인지, 아빠 쪽인지를 구별하는 유전자가 있다는 것이 최근 유전학에서 밝혀졌다. 바로 '유전체 각인(genomic imprinting)'이다. (하리하라의 생물학 카페)

유전체 각인이라는 개념은 단일유전자 질환 중에서 프레더윌리-엔젤만 증후군에서 알려졌다.

사진설명
❶ 벨라가 딸의 각인에 대해 제이콥에게 화내는 장면

이 질환은 인간유전체의 동일한 위치(15번 염색체의 15q11.2-q13)에 문제(주로 결실deletion)가 부계 염색체에 생기면 프레더윌리 증후군이라는 비만한 특징을 가지는 질병에 걸리고, 같은 유전체 위치가 모계 염색체에서 문제가 생기면 엘젤만 증후군이라는 다른 질병에 걸리는 것이다.

각인 현상이 일어나는 이유는 생식세포 발생단계 초기에 해당 유전자의 프로모터 지역(CpG 섬)이 선택적으로 메틸화돼 발현을 막기 때문이다. 메틸화는 꼬리표가 달라붙는 것과 비슷하다고 해서 각인이라고 한다. 인간 유전체의 대부분은 상동염색체의 양쪽 복사본(copy)이 다 발현이 되어야 정상인데 각인이 되면 각인이 안 된 쪽 염색체 하나의 복사본만 발현이 된다. 즉, 각인된 유전자는 모계 염색체만 발현되거나, 부계 염색체만 발현된다. 인간 유전체에서 각인된 유전자가 지금까지 100개 정도 알려져 있다.

Chapter 3
단일유전자 질병과 인구 집단 유전학

Story_ 13

단일유전자 질환의 가계도
영화 〈미라클 벨리에〉

가족 중 유일하게 듣고 말할 수 있는 폴라는 파리 전학생 가브리엘에게 첫눈에 반하고, 그가 있는 합창부에 가입한다. 그런데 한 번도 소리 내어 노래한 적 없었던 폴라의 천재적 재능을 엿본 선생님은 파리에 있는 합창학교 오디션을 제안하고 가브리엘과의 듀엣 공연의 기회까지 찾아온다. 하지만 들을 수 없는 가족과 세상을 이어주는 역할로 바쁜 폴라는 자신이 갑작스럽게 떠나면 가족들에게 찾아올 혼란을 걱정한다.

(네이버 영화정보)

<미라클 벨리에>는 2015년 국내에 개봉한 프랑스 영화다. 청각장애를 극복하고 성실하게 살아가는 한 가족의 이야기다. 청각장애 아버지는 지역의 문제를 해결하기 위해서 시장 선거에 출마한다. 또한, 그는 독서를 많이 한다. 많은 성공한 이들이 공통으로 뽑는 성공의 비결은 독서다. 영화는 사춘기 소녀의 고민도 다룬다.

　벨리에 아빠와 엄마는 청각장애가 있다. 딸 벨리에는 청각장애가 없다. 남동생은 청각장애가 있다. 이런 것을 그림으로 도식화하는 것을 유전학에서 가계도(pedigree)라 한다. 가계도를 만들 때는 국제적인 약속이 있다. '네모'는 남성, '동그라미'는 여성이다. 질병에 걸린 것은 네모 또는 동그라미에 까맣게 색칠하여 표시한다. 벨리에 가족의 가계도를 그려보면 다음 그림과 같다(그림 11).

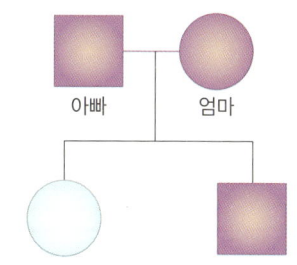

그림 11. 벨리에 가족의 청각장애에 관한 가계도

사진설명
❶ 벨리에 아빠의 독서 장면
❷ 벨리에 가족사진

유전학의 가계도에서 친척 관계란?

단일유전자 질환(멘델 유전 질환)이란 말 그대로 하나의 유전자에 문제가 생겨서 걸리는 질병을 말한다. 이것들은 대체로 멘델의 유전 법칙인 우성, 열성의 특징을 따른다. 이중 열성 질병은 매우 드물어서 가까운 친척 간의 결혼이 있는 경우에 주로 발생한다. 유전학에서 가까운 친척은 어떻게 정의할까?

일반적으로 친척을 일컫는 형제, 사촌, 팔촌 등과 달리 유전학에서는 국제적으로 1도 관계 친척, 2도, 3도 관계 등으로 구분한다. 1도 관계란 부모-자식 관계, 형제나 자매 관계 등이다. 1도 관계는 인간 유전체의 50% 정도를 공유한다. 일란성 쌍둥이는 100% 유전정보를 공유하지만 이란성 쌍둥이는 일반 형제자매처럼 50% 정도의 유전체만을 공유한다.

2도 관계는 할아버지-손자 손녀, 삼촌, 고모, 그리고 배다른 형제 등이다. 이들은 일반적으로 25%의 유전체를 공유한다. 사촌 간은 3도 관계로 유전체 12.5% 정도를 공유한다.

혈연관계의 도(출처: IAN D. YOUNG. 의학유전학)

혈연 관계	평균적인 유전자 공유 분율(%)	혈연관계의 예
1도	50% (1/2)	부모님, 형제와 자매, 자녀
2도	25% (1/4)	할아버지, 할머니, 손자, 손녀, 삼촌, 고모 또는 이모, 배다른 형제와 자매
3도	12.5% (1/8)	증조부, 증조모, 증손자, 증손녀, 사촌 등

Story_14 상염색체 우성유전
영화 〈리메모리_기억추출〉

동생의 마지막 유언을 기억하지 못해 괴로운 '샘'은 세계 최초의 기억 추출장치를 이용해 그 유언을 알아내고자 장치 개발자 '고든'의 곁을 맴돌기 시작한다. 그러나 어느 날, '고든'은 상처 하나 없는 의문사를 당하고 기억 추출장치마저 도난당해 그 행방을 알 수 없게 된다. 장치가 절실한 '샘'은 사건의 진상을 파헤치기 시작하는데... 기억을 기록하는 기계가 개발됐다! 개발자의 죽음, 그 뒤에 감춰진 진실은?

(네이버 영화정보)

영화 <리메모리>의 주연을 맡은 배우 피터 딘클리지는 단일유전자 질환의 하나인 연골무형성증이 있는 것으로 알려져 있다.

한편 팀 버튼 감독의 영화 <찰리와 초콜릿 공장>의 '딥 로이'도 연골무형성증으로 인해 키가 132 cm 정도로 알려져 있다.

연골무형성증은 상염색체 우성유전을 한다. 연골무형성증(achondroplasia)은 불완전한 우성의 골격질환으로 짧은 사지의 왜소증(dwarfism)과 큰 머리를 가진다. 4번 염색체에 있는 FGFR3 유전자의 특정 돌연변이에 의해 야기된다. 대부분의 연골무형성증 환자는 정상적 지능을 가지며 그들의 신체적 역량 내에서 정상적인 삶을 살

사진설명
❶ 샘이 고든의 부인을 만나서 위로하는 장면
❷ 네이버 인물 정보

수 있다. 연골무형성증이 있는 환자들끼리의 결혼은 드물지 않다.

ABO식 혈액형에서 A와 B 대립유전자가 O보다 우성이라고 했다. 우성(dominant) 유전이란 상동염색체(부계 염색체와 모계 염색체 한 쌍)의 둘 중 한쪽 대립유전자에만 돌연변이가 있어도 질병에 걸리는 것이다.

모든 멘델유전 질환의 절반 이상은 상염색체 우성 소질로 유전된다. 상염색체 우성 질병 중 성인의 다낭신장병(polycystic kidney disease)처럼 발병률이 높은 것도 있다. 다낭신장병은 미국에서 1000 명당 1명의 빈도로 발생한다(톰슨&톰슨 의학유전학). 또한 상염색체 우성 유전은 유전성 난청(deafness)이 있는 가족에서 볼 수 있다. 상염색체 우성유전일 때 아래 가계도처럼 부모 중 한 명이 환자일 때 자녀 중 50%의 확률로 질병이 유전된다(그림 12).

연골무형성증 환자의 약 90%는 새로운 돌연변이에 의해 발생한다. 비교적 남녀 동일한 비율로 발생하며, 신생아 15,000~35,000명당 한 명의 빈도로 발생하는 것으로 추정된다. (질병관리청 희귀질환정보)

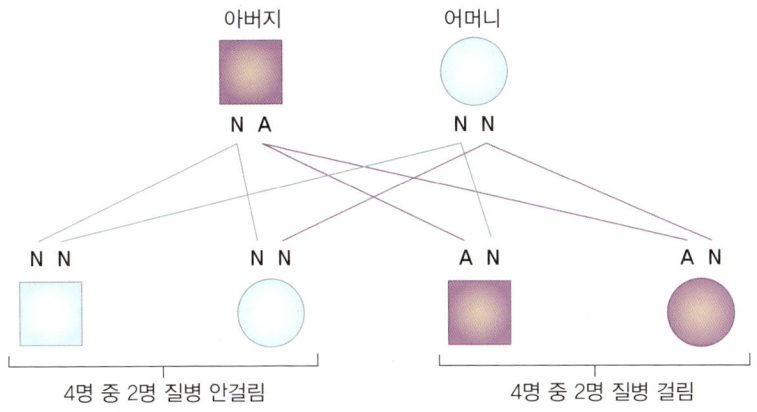

그림 12. 상염색체 우성유전(출처 IAN D. YOUNG. 의학유전학. 월드사이언스)
A: affected allele(질병 대립유전자), N: normal allele(정상 대립유전자)

Story_ **15**

상염색체 열성 유전
영화 〈미드나잇 선〉

XP(색소성건피증)라는 희귀병으로 태양을 피해야만 하는 케이티. 오직 밤에만 외출이 허락된 그녀에게는 어머니가 남겨준 기타와 창문 너머로 10년째 짝사랑해온 '찰리'가 세상의 빛이다. 어느 날 작은 기차역에서 한밤의 버스킹을 하던 '케이티'의 앞에 '찰리'가 나타나고, 두 사람은 매일 밤 모두가 부러워하는 완벽한 데이트를 이어간다.

(네이버 영화정보)

영화 <미드나잇 선>은 고등학교 졸업을 앞둔 남녀의 사랑 이야기다. 찰리는 수영선수로 잘생긴 청년이다. 케이티는 고등학교에 다니지 못하고 가정에서 아버지에게 교육받는다. 찰리 역할을 맡은 패트릭 슈왈제네거는 영화 <터미네이터>로 유명한 배우 아놀드 슈왈제네거의 아들이다.

케이티는 색소성건피증(XP)이라는 희소질환에 걸려 햇빛에 노출되면 피부질환과 뇌 손상이 올 수 있어서 낮에는 활동하지 못한다. 밤에는 기타를 치면서 노래를 부르고 작곡도 한다. 아름다운 사랑 이야기는 케이티가 햇빛에 노출되는 사건으로 전환점을 맞게 된다.

색소성 건피증(xeroderma pigmentosum)은 DNA 수선에 대한 매우 드문 상염색체 질환인데, 증례의 20% 이상이 사촌 간에 결혼한 자손 중에서 발생한다. 반대로 낭포성섬유증(CF) 같은 비교적 흔한 상염색체 열성 질병으로 발병한 환자 대부분은 혈연의 결과가 아니다. 돌연변이 대립유전자가 일반 집단에서 흔하기 때문이다. 질병관리청 희귀질환정보는 다음과 같이 XP의 특징과 원인을 말한다.

"색소피부건조증은 상염색체 열성으로 유전되는 드문 질환으로, 임상 증상으로는 소아기부터 일광 노출 부위에 주근깨, 흑색점(흑자),

사진설명
❶ 케이티와 찰리가 기차여행을 하는 장면

피부위축, 모세혈관 확장 등이 생기고 일광각화증, 기저세포암, 편평세포암, 악성흑색종 등의 다양한 피부암이 조기에 속발하는 광과민성 피부질환입니다. 20세 이전에 기저세포암, 편평세포암, 흑색종이 발생할 확률이 약 1000배 이상 증가합니다. 색소피부건조증은 자외선에 손상된 DNA가 다시 회복되지 않으므로 병변이 생기는데 DNA 재생에 필요한 DNA 엔도뉴클레아제의 결핍 때문입니다."(네이버 지식백과) 색소피부건조증 [Xeroderma pigmentosum] (희귀질환정보)

  ABO식 혈액형에서 A와 B 대립유전자보다 O 대립유전자는 열성이라고 했다. 열성(recessive) 유전이란 상동염색체의 부계, 모계 염색체 양쪽의 대립유전자에 돌연변이가 있을 때 질병이 걸리는 경우다. 즉, 열성 질병은 한 쌍으로 존재하는 똑같은 유전자 두 개가 모두 결함이 있을 때만 나타난다. 상염색체 열성 질환은 흔히 보인자(carriers)로 알려진 두 사람의 질병이 없는 이형접합자 사이에서 일어난다. 아래 그림의 가계도처럼 부모 모두 보인자일 때 자녀에게 상염색체 열성 질병이 발생할 확률은 1/4이다(그림 13).

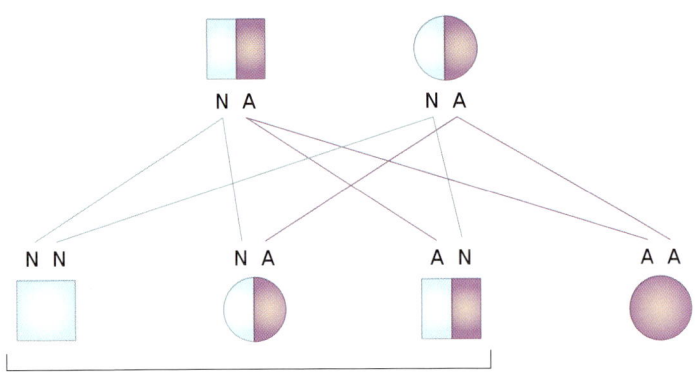

그림 13. 상염색체 열성 유전(출처: IAN D. YOUNG. 의학유전학. 월드사이언스)
A: affected allele(질병 대립유전자), N: normal allele(정상 대립유전자)

백인 소아에서 가장 흔한 상염색체 열성 질환은 CFTR 유전자의 돌연변이가 원인인 낭포성섬유증(cystic fibrosis, CF)이다. 백인 집단에서는 약 2000명 중 1명의 소아가 두 개의 돌연변이 CFTR 대립유전자와 질환을 가지며, 23명 중 1명이 질병이 없는 조용한 보인자라 할 수 있다.

Story_ 16

유전자와 발생
영화 〈원더〉

누구보다 재치 있고 호기심 많은 매력 부자 '어기'(제이콥 트렘블레이). 하지만 남들과 다른 외모로 태어난 '어기'는 모두가 좋아하는 크리스마스 대신 얼굴을 감출 수 있는 할로윈을 더 좋아한다. 10살이 된 아들에게 더 큰 세상을 보여주고 싶었던 엄마 '이사벨'(줄리아 로버츠)과 아빠 '네이트'(오웬 윌슨)는 '어기'를 학교에 보낼 준비를 하고, 동생에게 모든 것을 양보해왔지만 누구보다 그를 사랑하는 누나 '비아'도 '어기'의 첫 걸음을 응원해준다.

(네이버 영화정보)

영화 <원더>는 2017년에 국내 개봉했다. 영화 1시간쯤 어기의 누나 비아가 남자친구와 대화하는 장면이 있다.

"똑같은 유전자가 두 개라서 그렇대. 부모님이 같은 유전자를 가지고 있었던 거야. 복권 당첨 확률인데 운 없는 복권이지. 내가 저런 모습으로 태어났을 수도 있어."

이 장면에서 상염색체 열성 유전 질병을 암시한다. 그러나 실제로 이 영화는 트레처 콜린스 증후군을 대상으로 한다. 질병관리청 희귀질환정보는 다음과 같이 특징과 원인을 말한다.

"트레처콜린스 증후군(Treacher collins syndrome)은 특정한 머리뼈 부위의 발달 부전으로 나타나는 머리뼈와 얼굴 부위에 뚜렷한 기형을 가지는 유전 질환입니다. 트레처콜린스 증후군의 대략 40% 정도는 상염색체 우성으로 유전되는 질환으로 남녀 모두에게 같은 빈도로 발생하며, 부모 중 한쪽만 정상일 경우 다음 세대에 유전될 확률은 50%입니다. 그러나 부모 중 한 명이 환자인 가족력이 있는 경우는 이 질병에 새롭게 걸린 환자의 절반도 되지 않으며, 트레처콜린스 증후군의 60% 정도가 산발적으로 무작위로 일어나는 유전자의 돌연

사진설명
❶ 비아가 남자친구에게 어기의 유전적 원인에 관해 설명하는 장면

변이에 의해서 발생합니다." (네이버 지식백과) 프란체스쉐티 증후군 [Franceschetti syndrome] (희귀질환정보)

트레처콜린스 증후군은 5번 염색체에 있는 TCOF1 유전자 돌연변이에 의해 발생한다. TCOF1 유전자는 구순구개열과도 관련이 있으며 사람의 발생과 관련이 있는 유전자다. (Sull JW_설재웅 등 2008)

발생과 관련된 유전자로 잘 알려진 것은 호메오박스(HOX) 유전자이다. 미국의 에드워드 루이스 등은 초파리 연구를 통해서 초기 배아 발달의 유전적 조절에 HOX 유전자가 중요한 역할을 한다는 것을 밝혔다. 그리고 HOX 유전자들은 사람 유전체에도 기능한다는 것이 밝혀졌다. 이 공로로 1995년에 이들은 노벨 생리의학상을 받았다.

사람은 총 39개의 HOX 유전자가 있으며, 이들은 2번, 7번, 12번, 17번 염색체에 무리(cluster)로 분포한다. HOX 유전자들은 호메오박스(homeobox)라고 알려진 183개의 공통된 염기서열을 가지고 있다. (IAN D. YOUNG. 의학유전학)

❷ 노벨 생리학·의학상 수상자

1995년	사진이 없습니다	에드워드 B. 루이스	미국
		크리스티아네 뉘슬라인폴하르트	독일
		에릭 F. 위샤우스	미국

사진설명
❷ 초기 배아 분화를 조절하는 유전자 무리인 호메오박스(Homeobox) 출처: 위키백과, 노벨상 수상자 리스트

Story_ 17
X 염색체 유전과 인종 간 유전적 차이
영화 〈미스 리틀 선샤인〉

대학 강사인 가장 리차드(그렉 키니어)는 본인의 절대 무패 9단계 이론을 팔려고 엄청나게 시도하고 있지만 별로 성공적이지 못하다. 이런 남편을 경멸하는 엄마 쉐릴(토니 콜레트)은 이 주째 닭 날개 튀김을 저녁으로 내놓고 있어 할아버지의 화를 사고 있다. 전투조종사가 될 때까지 가족과 말하지 않겠다고 선언한 아들 드웨인(폴 다노)은 9개월째 자신의 의사를 노트에 적어 전달한다. 이 캉가루 집안에 얹혀살게 된 외삼촌 프랭크(스티브 카렐)는 게이 애인한테 차인 후에 자살을 기도해 병원에 입원했다가 방금 퇴원한 프로스트 석학이다. 마지막으로 7살짜리 막내딸 올리브(애비게일 브레슬린)는 또래 아이보다 통통한(?) 몸매지만 유난히 미인대회에 집착하며 분주하다. 그러던 어느 날, 올리브에게 캘리포니아 주에서 열리는 쟁쟁한 어린이 미인 대회인 '미스 리틀 선샤인' 대회 출전의 기회가 찾아온다. 그리고 딸아이의 소원을 위해 온 가족이 낡은 고물 버스를 타고 1박2일 동안의 무모한 여행길에 오르게 된다.

(네이버 영화정보)

영화 <미스 리틀 선샤인>에서 막내딸 올리브가 비행기 조종사를 꿈꾸는 오빠 드웨인에게 색맹 검사를 하는 장면이 있다. 드웨인은 글자를 읽지 못한다. 듣고 있던 삼촌은 말한다.

"너는 색맹인 것 같아. 그러면 제트기 조종은 할 수 없어."

이에 드웨인은 엄청난 충격을 받는다. 가족은 충격받은 드웨인을 위해서 잠시 차를 세운다. 수년간 목표했고, 그 목표가 이루어질 때까지 침묵하기로 한 드웨인의 충격은 알만하다. 수년의 노력이 물거품이 되는 순간이다. 그것도 선천적인 유전적 이유로...

사진설명
❶ 전투 조종사를 꿈꾸던 드웨인이 색맹인 것을 알게 되는 장면

서부 유럽인들 중에서 남성 약 8%와 여성 0.7%가 색맹이다. 그들은 적색과 녹색 사이에서 정확하게 구별할 수 없다. 왜 주로 남성이 색맹일까? 그 이유는 색맹은 X 염색체에 있는 적색 색소와 녹색 색소 유전자의 결손이 주원인이기 때문이다. (IAN D. YOUNG, 의학유전학, 월드 사이언스).

X 염색체가 2개인 여성보다 X 염색체가 하나인 남성이 상대적으로 많이 걸리는 것이다. 남자의 경우 Y 염색체는 수정란을 남자로 발달시키는 유전자들이 주로 들어 있고, X 염색체는 짝이 없이 홀로 존재하기 때문에 X 염색체상에 존재하는 유전자는 어떤 것이든 형질로 나타난다.

여자는 색맹인 경우가 적지만 보인자인 여성은 많으며, 이들 보인자는 색맹인 아들을 낳을 확률이 50%에 달한다. (톰슨&톰슨 의학유전학 8판, 범문사)

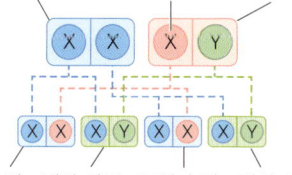

색맹인 아빠와 정상 엄마

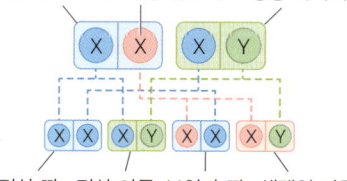

보인자 엄마와 정상 아빠

색맹은 서부 유럽인에게는 흔하지만, 아시아인에게는 매우 드물다. 이것은 왜일까? 인종과 여러 인구 집단 간에는 유전적 차이가 크다. 인구 집단 간에 발병의 차이를 보이는 다른 예로는 주로 유럽인들에서 발병하는 낭포성섬유증, 아프리카인들에게 많이 나타나는 겸상적 혈구 빈혈증, 아스케나지 유대인들에게 흔한 테이-삭스병이 대표적이다. 어떤 질병이 특정 집단에서 많이 발생하는 것을 연구하는 분야가 집단 유전학(population genetics)이다.

또한, 유전학에는 서구 사람들을 대상으로 발견된 유전적 변이의 연구 결과들을 한국인에게 그대로 적용하기 어려운 특수성이 있다. 인종 간 유전 변이 분포의 차이가 크기 때문이다. 국내 질병관리청에도 유전체역학과라는 부서가 있어서 한국인 고유의 유전 변이를 찾기 위한 노력을 한다.

집단유전학은 세대를 거쳐도 일정한 유전자형(genotype)의 빈도가 유지된다는 것을 수학적으로 증명한 하디-와인버그가 그 시작이다. 하디-와인버그 평형이란 대를 거듭하더라도 유전자 풀에서 대립유전자의 빈도가 변하지 않고 평형상태를 유지한다는 원리를 말한다. 즉, 대립유전자의 빈도를 알 때(A대립유전자 빈도는 p, a 대립유전자 빈도는 q), 유전자형의 빈도는 AA=p^2, Aa=2pq, aa=q^2 로 일정하게 유지된다는 것이다.

하디와인버그 평형으로 추정되는 유전자형 빈도
(출처: IAN D. YOUNG, 의학유전학)

대립유전자 빈도	A	p
	a	q
유전자형 빈도	AA	p^2
	Aa	2pq
	aa	q^2

Story_ 18
이형접합자 우세
영화 〈나는 전설이다〉

2012년, 전 인류가 멸망한 가운데 과학자 로버트 네빌(윌 스미스)만이 살아남는다. 지난 3년간 그는 매일같이 또 다른 생존자를 찾기 위해 절박한 심정으로 방송을 송신한다. 그러나 생존자들은 이상 바이러스에 감염되어 '변종 인류'로 변해 버렸다. 인류 최후의 생존자 vs. 변종 인류. 이제 그는 전설이 된다! 인류의 운명을 짊어진 네빌. 면역체를 가진 자신의 피를 이용해 백신을 만들어낼 방법을 알아내야만 한다.

(네이버 영화정보)

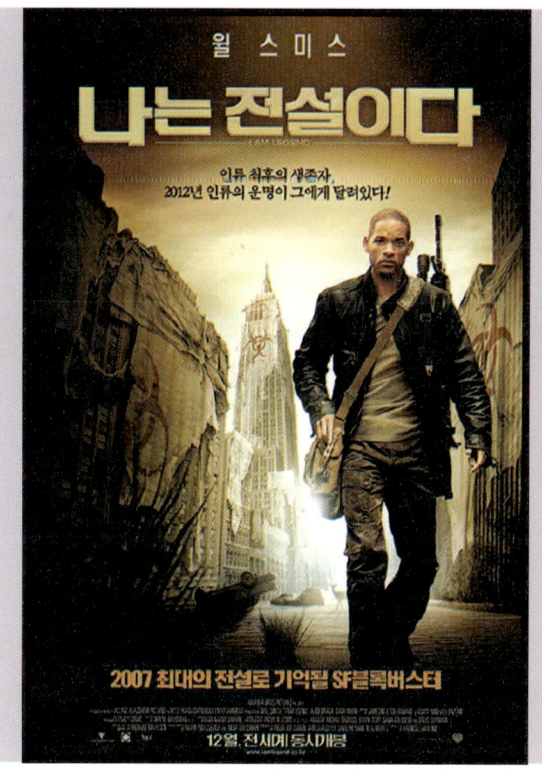

영화 <나는 전설이다>의 앞부분에는 한 과학자의 신약 개발 뉴스 인터뷰가 나온다. 홍역 바이러스의 유전적 조작을 통해서 신약을 개발하여 암을 완전히 정복했다는 내용이다. 그런데 그 신약의 부작용과 변이 바이러스로 90% 인류가 사망하고 10%만 면역으로 살아남는다는 설정으로 이야기가 전개된다. 이런 영화적 상상력은 어떻게 나왔을까?

집단유전학(population genetics)에서 하디와인버그 법칙이 성립하려면 몇 가지 조건이 필요하다. 인구 집단이 커야 하고, 무작위적 교배(mating)를 하며, 새로운 돌연변이가 없어야 한다. 또한, 이형접합자 우세가 있는 경우도 하디와인버그 법칙에 영향을 준다.

사진설명
❶ 바이러스를 이용한 암 치료제로 암을 정복했다는 뉴스 인터뷰 장면
❷ 생존자가 자신은 면역이었다고 네빌에게 말하는 장면

이형접합자 우세

유전자 돌연변이가 특정 질병을 예방하는 사례가 있다. 바로 이형접합자 우세다.

겸상적혈구 빈혈증(sickle cell anemia)은 우리나라에서는 드물다. 그러나 아프리카에는 매우 흔하다. 왜 아프리카에만 겸상적혈구 빈혈증이 많을까? 겸상적혈구 빈혈증은 상염색체 열성 질병이다. 즉, 돌연변이 2개를 가지고 있어야 질병에 걸린다. 돌연변이를 하나만 가진 보인자, 즉 이형접합자(heterozyote)인 사람은 말라리아의 저항성을 갖는다.

말라리아가 우리나라에는 많지 않다. 우리나라에서 유행하는 말라리아는 3일열 말라리아로 사망률이 낮은 편이며, 제때 치료를 받으면 회복할 수 있다. 그러나 아프리카의 풍토병인 말라리아는 열대열 말라리아로 치명률이 높다. 겸상적혈구 빈혈증 보인자는 상염색체 열성 질병이므로 빈혈이 걸리지 않는다. 또한, 말라리아에도 저항성을 갖고 있기에 인구 집단에서 더 생존력이 높아서 점점 보인자인 사람들이 많아지는 원인이 되었다. 이런 현상을 이형접합자 우세라 한다. 이은희「생물학카페」에서 다음과 같이 설명한다.

"겸상적혈구 빈혈증 유전자를 가진 사람은 적혈구의 모양이 변하기 때문에 말라리아에 저항성을 가지게 되지요. 이것은 발병한 환자뿐 아니라, 보인자도 마찬가지입니다. 두 개가 모두 정상이라면(TT) 겸상적혈구 빈혈증엔 걸리지 않겠지만, 말라리아에 걸려 죽을 수도 있습니다. 사실, 이 확률이 더 높지요. 만약 두 개가 모두 이상이 생겼다면(tt) 말라리아에는 안 걸리겠지만, 자체의 독성으로 훨씬 더 일찍 죽어버릴 겁니다. 그러나 하나만 이상하다면(Tt) 겸상적혈구 빈혈증으로 죽지도 않고, 말라리아에 대한 저항성까지 얻은 셈이 되니 일거양득이라고 할까요."

이형접합자 우세의 다른 사례로 낭포성섬유증(cystic fibrosis)의 보인자인 사람들이 과거에 사망률이 높은 감염병이었던 장티푸스의 저항성이 보고되었다. 또한, 치명적인 유전병인 테이삭스병의 보인자들이 결핵에 대한 면역이 증가한 사례도 있다(IAN D. YOUNG 의학유전학).

나이지리아 커플 사귀기 전 "우리 피검사 해요"

2019년 7월 '나이지리아 커플 사귀기 전 "우리 피검사 해요"'라는 제목의 뉴스 기사가 있었다.

"아프리카 나이지리아에서는 남녀가 데이트할 때 먼저 피검사를 해 상대방의 '적혈구 유전자형'을 확인하는 경우가 많다. 나이지리아에는 유전병인 '겸상적혈구빈혈(SCD)' 환자가 많기 때문이다. SCD는 부모에게 받은 유전자 때문에 발병한다. 유전자 타입은 간단한 피검사로 확인할 수 있다. 부모 모두에게서 겸상적혈구 유전자(S)를 하나씩 물려받은 'SS' 타입은 SCD 환자다. 부모 중 한쪽에서 'S' 유전자를 받고, 다른 한쪽에서 정상 유전자(A)를 받은 사람은 유전자 보유자(AS타입)로 질병이 발현되지는 않는다. 정상인 사람은 'AA' 타입이다.

나이지리아에는 세계에서 가장 많은 SCD 환자가 있다. 2006년 세계보건기구(WHO) 집계에서는 인구의 24%가 'S' 유전자가 있는 것으로 집계됐다. 매년 신생아 중 15만 명이 이 병을 갖고 태어난다. 이 때문에 나이지리아 젊은이들은 연애 감정이 생기기 전 적혈구 유전자형부터 물어보는 일이 흔하다고 한다. 또 잘 교제하던 남녀가 결혼을 논의하다가 유전자 문제 때문에 결별하는 경우도 적지 않다. 나이지리아 정부도 SCD 예방을 위한 가족계획을 권장하는 추세다. 남부 아남브라주(州)에서는 결혼 전 SCD 유전자 검사를 의무화했다." (조선일보 2019.07.12.)

에이즈에 면역이 있는 유전자 변이

유전 변이가 특정 질병에 면역을 갖는 최근 사례로는 AIDS를 일으키는 HIV 바이러스가 세포막을 통과할 때 역할을 하는 사이토카인 수용체를 암호화하는 유전자 CCR5에 대한 것이다. CCR5 유전자의 상동염색체 양쪽 모두 돌연변이가 있는 경우, 즉 동형접합자(homozygote)인 사람들은 HIV에 걸리지 않는 것이 알려졌다. 또한, CCR5 돌연변이의 빈도는 북유럽 사람들에 많다. 즉, 북유럽 지역에서 CCR5 돌연변이가 처음 시작된 것이 아닌가 추정된다. (톰슨&톰슨 의학유전학, 범문사)

정상 CCR5 대립유전자의 결손형 △CCR5 대립유전자의 유전형 빈도

유전자형	사람 수	유전자형 빈도(%)
CCR5/CCR5	647	82.1
CCR5/△CCR5	134	16.8
△CCR5/△CCR5	7	1.1
Total	788	100.0

출처: Martinson et al. 1997. Nat Genetics.

유럽인들 중에 단지 1.1%만이 CCR5 돌연변이 동형접합자로서 HIV에 저항성이 있다. 아프리카인이나 아시아인에서는 HIV 저항성인 CCR5 유전자형은 거의 없다. (프랜시스 콜린스, 생명의 언어)

Chapter 4

다인자 질환의 유전과 유전자 찾기

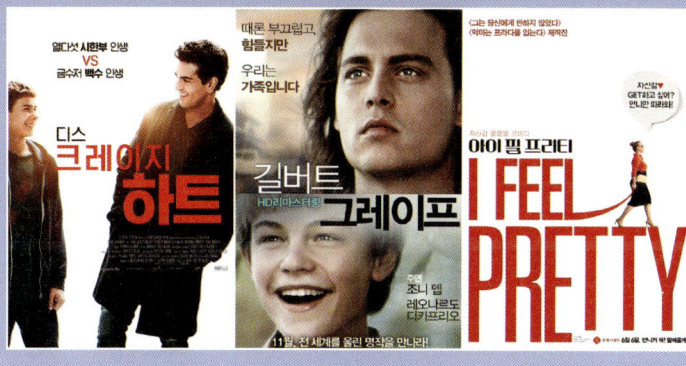

Story_ 19
유전자를 알면 장수한다
영화 〈인크레더블2〉

슈퍼맘 '헬렌'이 국민 히어로 '일라스티걸'로 활약하며 세상의 주목을 받자 바쁜 아내의 몫까지 집안일을 하기 위해 육아휴직을 낸 아빠 '밥'은 질풍노도 시기의 딸 '바이올렛', 자기애가 넘치는 아들 '대쉬', 어마무시한 능력을 시도 때도 없이 방출하는 막내 '잭잭'까지 전담하며 전쟁 같은 하루하루를 보낸다.

(네이버 영화정보)

영화 <인크레더블>은 초능력 가족의 이야기다. 막내아들 잭잭의 여러 가지 초능력은 부모에게서 유전된 것으로 생각할 수 있다. 가족력(family history)이라는 말은 어려운 개념이 아니라 그저 부모님과 자녀가 여러 면에서 닮았다는 의미다.

영화 <인크레더블> 같은 부전자전 이야기는 많다. 최근 우리나라 전설의 야구 선수 이종범의 아들 이정후가 2020 도쿄올림픽 야구팀 국가대표로 선발되어 3번 타자로 활약했다. 또한, 연예인 강호동의 아들 강시후가 강호동과 비슷한 외모와 큰 체격에 놀라운 골프 실력이 알려져 화제가 되었다.

한편 2021년 개최된 도쿄올림픽에서 원조 '도마 황제'로 이름을 날린 여홍철(50) 경희대 교수의 딸인 여서정이 올림픽 결선 무대에 진

사진설명
❶ 밥이 잭잭의 초능력을 확인하는 장면
❷ 올림픽 국가대표 이정후 선수의 아버지 이종범에 대한 인터뷰(출처: KBS 뉴스 2021.07.06.)
❸ 강호동 아들 강시후(출처: MBN 뉴스 2021.06.10.)

출하여 도마 종목에서 동메달을 획득했다. 이로써 여서정은 1996년 애틀랜타 올림픽 도마 결선에 올라 은메달을 목에 건 아버지 여 교수의 뒤를 이어 가족의 일원으로 25년 만에 올림픽 메달을 얻었다. (연합뉴스. 2021.07.25. KBS 뉴스 2021.08.01)

만성질환 유전자 찾기의 중요한 5가지 질문

만성질환의 원인 유전자를 찾는 유전학자들에게 5가지의 중요한 질문이 있다. 첫째 질문은 가족집적성(familial aggregation) 여부이다. 이는 특정 가족 내에서 어떤 질병이 많이 발생하는가이다. 예를 들면 한 가족에서 고혈압이 많이 발생하는 것이다. 가족집적성이 있다고 하면 우리는 그 질병이 유전자가 원인일 가능성이 크다고 생각한다.

그러나 가족집적성이 완전히 유전자 때문일까? 그렇지 않을 수 있다. 특정 가족이 유전자도 공유하지만, 생활습관도 공유하기 때문이다. 고혈압의 예를 들면, 그 가족이 모두 음식을 짜게 먹는 식습관을 갖는다거나 가족 모두 운동하지 않는 생활습관을 공유해서 고혈압이 많을 수 있다. 암의 경우는 가족 모두 같은 발암물질에 노출되는 것이 가능하다.

> ### 유전역학 연구 주요 5가지 질문
>
> 1. 특정 질병이나 표현형이 한 가족 내에서 많이 발생하는가?
> 2. 그러한 가족 집적성(familial aggregation)이 유전적인 요인에 의한 것인가?
> 3. 유전적인 요인에 의한 것이라면 어떤 유전적 모델을 따르는가? (우성, 열성, 공동우성, 다인성)
> 4. 질병의 원인 유전자가 인간 유전체(human genomics)의 어디에 위치하는가?
> 5. 발견된 유전자의 생물학적 기전이나 유전-환경 상호작용

둘째 질문은 바로 '그 가족집적성이 환경/생활습관 요인이 아닌 유전자 때문인가?'이다. 그래서 유전자가 기여하는 부분이 크다면, 셋째 질문은 그 질병 유전자가 멘델의 어떠한 유전법칙을 따르는가이다. 멘델의 우성 법칙, 열성 법칙 등을 따져보는 것이다. 넷째 질문이 가장 중요하고 어려운데 그 질병 유전자가 인간 유전체의 어디에 위치하는가이다. 즉, '몇 번 염색체의 어느 위치에 유전자가 있는가?'이다. 그 유전자 위치를 알아야 신약이나 치료법 개발이 가능하기 때문이다. 다섯째 질문은 찾아진 질병 유전자의 생물학적인 기전과 유전-환경 상호작용 등을 확인하는 것이다.

현대 유전학에서는 반드시 유전자 연구의 5가지의 질문의 순서를 따르지는 않고, 바로 넷째 질문인 유전체에서 질병 유전자 찾는 단계를 연구하는 경우가 많다.

만성질환에서 가족력의 중요성

만성질환 유전학에서 첫째 질문인 '한 가족에 특정 질병이 집중적으로 많이 발생하는가?'의 연구에 가장 많이 활용되는 것이 가족력(Family history)이다. 즉, '가까운 가족에서 어떤 질병이 걸렸던 사람이 있는가?'이다. 특정 질병에 가족력이 있는 사람이 그렇지 않은 사

람보다 그 질병에 몇 배 많이 걸리는가를 조사한다. 그 차이가 2배, 3배, 10배 등 크면 그 질병은 유전자가 원인일 가능성이 크다고 생각할 수 있다. 가족집적성은 꼭 질병이 아니더라도 가족 간의 표현형(생김새)이 비슷한 것도 포함된다. 옆의 사진에서 톰크루즈와 케이티홈즈 사이의 딸인 수리양의 모습이 부모를 닮은 것도 가족집적성의 예이다.

각종 암도 가족력이 있는 경우에 가족력이 없는 사람보다 암 발생의 위험이 큰 것으로 알려져 있다. 또한, 정신질환 중에 자폐증, 우울증, 조현병(정신분열증) 등도 가족력과 관련이 높다.

부모님을 공경하면 장수한다

유전학을 공부하기 전에 "부모님을 공경하면 장수한다"라는 다음 성경 구절에 의문을 품었다.

"네 부모를 공경하라 그리하면 너의 하나님 나 여호와가 네게 준 땅에서 네 생명이 길리라" (출애굽기 20:12)

"너는 너희 하나님 여호와의 명한대로 네 부모를 공경하라 그리하면 너의 하나님 여호와가 네게 준 땅에서 네가 생명이 길고 복을 누리리라" (신명기 5:16)

사진설명
❹ 톰크루즈와 케이티홈즈 사이의 딸인 수리양

"자녀들아 너희 부모를 주 안에서 순종하라 이것이 옳으니라 네 아버지와 어머니를 공경하라 이것이 약속 있는 첫 계명이니 이는 네가 잘 되고 땅에서 장수하리라"(에베소서 6:1-3)

보건학 전공자인 내게는 장수라는 말 때문에 특별히 중요하게 생각되었으나 이해하기가 어려웠다. 왜 '부모님을 공경하라'가 아니고 '부모님을 공경하면 장수한다'고 할까? 이에 대하여 오랫동안 물음표로 남아 있었다.

그런데 유전학을 공부하던 중에 '아하 그럴 수도 있겠구나'하고 깨달았다. 우리가 몸이 아파서 부모님께 말씀드리면 의사도 아닌 부모님이 참으로 효과적인 처방을 주실 때가 많다. 좋은 민간요법을 알려주는 경우도 많다. 이것이 왜 가능할까?

유전학 관점으로 보면 세상의 많은 사람과는 달리 부모님은 나와 유전자의 절반을 공유하는 사람이다. 즉, 나와 유전적으로 50%가 닮았다. 이 말은 내가 걸린 질병이 나의 부모님도 유전적으로 걸렸을 확률이 일반인보다는 매우 높다는 이야기다. 따라서 부모님의 의외의 좋은 처방은 부모님이 같은 경험을 하셨기 때문이다.

이런 경험과 산지식이 의학이 발달하기 전 과거에는 큰 도움이 되었을 것이다. 현대 사회에서도 부모님이 직접 경험한 건강에 대한 지식은 자녀에게 큰 지혜가 된다. 수천 년 전에 기록된 성경 말씀이 현대 과학으로도 어느 정도 설명이 된다고 할 수 있겠다.

여기서 오해가 없기를 바란다. 부모님을 공경하면 장수한다는 말씀에는 더 깊은 다른 의미들이 있을 것이다. 나는 유전학적인 관점에서 생각한 것만 일부 다룬 것임을 밝힌다.

마이클 로이젠, 메멧 오즈의 책 「내몸 사용설명서」에서도 '가족에게 배워라'고 심혈관질환 예방에 대하여 다음과 같이 말한다.

"어느 집에나 습관적으로 푸짐한 반찬을 즐기는 사람이 한두 명씩 있게 마련이다. 부모나 가까운 가족 구성원이 심장병을 앓거나 이른 나이에 동맥경화가 진행되었다면 다른 사람보다 심혈관계 질환 발병 확률이 높다. 비정상적인 지질(콜레스테롤, 중성지방 등) 형성, 고혈압, 고호모시스테인혈증은 유전될 수 있다. 그러나 생활습관 또한 물려받는다. 가족력에 심장 질환이 있다면 심장에 안 좋은 생활습관은 없는지 점검하고 특별히 주의해야 한다. 또 다른 사람보다 좀 더 이른 시기에 정기적인 검사를 시작해야 한다. 이렇게 한다면 유전적인 위험성까지도 충분히 극복할 수 있다." (내몸사용 설명서. 김영사)

유전자를 알면 장수한다

2021년 5월 sbs '그것이 알고 싶다'에서 어린 나이에 외국에 입양된 카라보스(강미숙)씨의 사연이 소개되었다. 아버지, 어머니를 찾고자 고국에 온 카라보스씨. 노력 끝에 DNA가 일치하는 아버지를 만났다. 생활고에 자신을 입양시켰을 것으로 생각했는데 반전이 있었다. 아버지는 금융업에 종사한 상당한 자산가였다. 어렵게 만난 아버지가 그 후 얼마 안 되어 사망하면서 아버지 자녀들과 재산 상속 문제가 생겼다. 이때 카라보스씨는 의외의 요구를 한다.

"상속을 포기하는 조건으로 아버지의 의료기록을 요구합니다. 입양인들은 자기의 가족력을 알 수 없기 때문이에요."

카라보스씨는 자신의 어린 딸에게 가족력의 정보를 주고 싶었다. 그 가족력 정보가 수십억 재산 못지않게 갖고 싶은 것이다. 그러나 아버지 자녀들은 끝내 카라보스씨의 요구를 들어주지 않는다.

'그것이 알고 싶다' 제작진이 아버지의 병력 정보 대신에 국내 유전자 분석 업체를 통해서 카라보스씨의 유전자 검사를 하고, 그 질병 위험 예측 정보를 제공하는 것으로 카라보스씨의 아쉬움을 달래주는 장면이 나온다. 이제는 유전자 검사를 통해서 가족력과 유사하게 미

두 번째는 (아버지의) 의료기록이었습니다

래 질병 예측도 가능한 시대가 되었다.

프랜시스 콜린스는 「생명의 언어」에서 다음과 같이 말했다.

"인간 유전체는 강력하면서도 개인적인 의학 교과서이다. 또한, 유전체는 한 개인의 역사책이기도 하다. 당신의 DNA 속에 쓰인 당신 조상들의 삶의 이야기들이 유전체 속에 존재한다. 이것을 읽어서 알게 되면 당신이 누구인지에 대하여 더 잘 알게 될 것이다. 당신은 그러한 노출에 직면할 준비가 되었는가?"(생명의 언어. 해나무)

카라보스씨가 그토록 알고 싶었던 질병의 가족력. 끝내 얻지 못해서 좌절했던 부모님의 의료정보. 여러분들은 너무 쉽게 얻을 수 있어서 무시하고 있지는 않은가? 바로 옆에 있지만, 그 정보를 모르고 있지는 않은가? 부모님을 찾아뵙고 가족력과 그에 대한 부모님의 지혜 말씀을 경청하자.

한편, 2018년 12월에 '아들에게 살해되는 순간에도…. "옷 갈아입고 도망가라" 외친 어머니'라는 제목의 안타까운 뉴스 기사를 접했다. 내용은 다음과 같다.

"꾸중하는 어머니를 잔혹하게 살해한 30대에게 대법원이 중형을

사진설명
❺ 카라보스씨가 상속을 포기하는 조건으로 아버지 의료기록을 요구하는 인터뷰(출처: sbs 그것이 알고싶다. 2021.05.25.)

확정했다. 아들의 손에 죽어가는 순간에도 어머니는 "옷을 갈아입고 도망치라"고 외친 것으로 알려졌다.

사건은 지난해 12월 29일 A씨가 술에 취한 상태로 텔레비전을 시청하던 중 '가만히 있지 말고 뭐라도 하라'는 어머니의 말에 "잔소리 그만하라"며 반항하다가 벌어진 것으로 밝혀졌다. 어머니와 몸싸움하던 A씨는 의자로 어머니를 수차례 내리치고 흉기로 찔러 사망에 이르게 했다. A씨는 범행 이후 피를 흘리고 쓰러진 어머니를 현장에 방치한 채 도주했다. A씨의 진술서에 따르면 어머니는 죽어가는 순간까지도 아들을 걱정하며 "옷을 갈아입고 현장에서 도망가라"고 말했던 것으로 드러났다." (출처: 국민일보 2018.12.17.)

자신의 목숨을 잃는 순간에도 자식의 미래와 건강을 걱정하는 부모님께서 사랑으로 하시는 말씀을 잘 들으면 장수하는 것은 당연한 것이 아닐까.

나 또한 가끔 본가에 가면 다음과 같은 어머니 잔소리를 듣는다.

"너 배가 좀 나왔다."

"머리는 얼마나 빠졌나 보자."

"내가 해보니 운동이 최고다. 너도 꼭 좀 시간을 내서 운동해라."

이제 이런 부모님 말씀을 잔소리로만 듣지 말고, 귀담아듣고 실천해보자. 성경 말씀처럼 나의 수명이 늘어날지 누가 아는가?

Story_ 20

쌍둥이와 유전율 연구
영화 〈페어런트 트랩〉

즐거운 여름 캠프의 추억을 만들기 위해 몰려든 소녀들로 붐비는 캠프 월든. 멀리 캘리포니아에서 이곳까지 날아온 할리 파커도 그들 중 하나다. 할리가 캠프장에서 새로운 친구들을 사귀고 있을 무렵. 으리으리한 리무진 한 대가 캠프장 안으로 미끄러져 들어온다. 그 안에서 사뿐히 내려선 소녀는 애니 제임스. 캠프 월든에서 할리와 애니, 두 소녀가 만났을 때, 친구들과 선생님들은 놀란 입을 다물 수 없었다. 두 소녀가 너무나 똑 닮아있었기 때문이다. 하지만, 누구보다고 놀란 것은 본인들이었다. 알고 보니 이들은 쌍둥이 자매였다. 꿈에도 그리던 엄마, 아빠가 살아있다는 것을 알게 된 할리와 애니는 깜찍한 계획을 세운다. 영화 〈페어런트 트랩〉 줄거리이다.

(네이버 영화정보)

영화 <페어런트 트랩> 앞부분에 캠프 월든에서 처음 만난 할리와 애니가 똑같이 딸기 알레르기가 있다고 이야기한다. 할리와 애니는 놀라운 운동신경을 보인다. 수준급 펜싱 실력을 서로 뽐내기도 한다. 일란성 쌍둥이인 두 자매는 비록 평생 다른 환경에서 자랐지만, 유전체의 DNA 염기서열이 100% 같기 때문에 비슷한 것은 당연하다.

최근 전국육상선수대회에 100m 달리기에서 나란히 1, 2위를 한 고등학교 쌍둥이 자매가 화제다. 유전학 연구에서 이러한 일란성 쌍둥이들을 연구대상자로 한 연구가 많다. 이를 통해서 유전율(heritability)을 알 수 있다. 유전율이란 무엇일까?

사진설명
❶ 할리와 애니가 모두 딸기 알레르기가 있음을 이야기하는 장면
❷ '100m 휩쓴' 특급 쌍둥이 '자매는 용감했다' (2021.06.25 / 뉴스데스크 / MBC)

쌍둥이와 유전율

만성질환의 유전자 연구에서 가족력이 있는지 확인하는 것이 첫째 단계라 했다. 그러나 가족력이 있더라도 유전 원인일 수도 있고, 가족들이 생활습관 및 환경을 공유해서 그럴 수도 있다. 그것을 구분하는 것이 유전율(heritability) 연구이다. 유전율은 유전요인으로 설명되는 표현형(phenotype)의 분율로 정의된다. 즉, 전체 질병(또는 표현형)의 원인(유전+환경) 중에서 유전자가 원인인 것은 몇 %인가로 나타낸다.

유전율 연구에서 많이 하는 방법은 일란성 쌍둥이(monozygotic twins)의 질병 발생 일치도와 이란성 쌍둥이(dizygotic twins)의 질병 발생 일치도를 비교하는 것이다.

이란성 쌍둥이는 두 개의 난자가 각기 다른 정자와 수정되어 두 명의 아이가 태어난 경우로서, 일반 형제자매처럼 유전체 일치도는 평균적으로 50%이다. 반면에 일란성 쌍둥이는 하나의 난자와 하나의 정자가 결합하여 생긴 수정란이 발생하는 과정에서 세포 덩어리가 두 개로 갈라져서 생긴 경우로서 유전적으로 완전히 같아 유전체가 100% 같은 경우다. (박태현, 영화 속의 바이오테크놀로지)

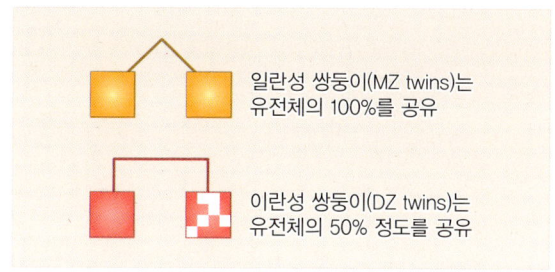

(MZ twins: 일란성 쌍둥이, DZ twins: 이란성 쌍둥이)

예를 들어서 겸상적혈구 빈혈증 같은 단일유전자 질환은 일란성 쌍둥이의 한쪽에 질병이 있으면 다른 쪽 쌍둥이의 겸상적혈구 빈혈증의 발생 일치도는 거의 100%가 된다.

한편 다인자 질환 중 하나인 제1형 당뇨병은 일란성 쌍둥이의 일치도는 40%, 이란성 쌍둥이 일치율은 5% 정도 된다. 구순구개열은 일란성 쌍둥이의 일치율은 30%, 이란성 쌍둥이 일치율은 2%이다. 즉, 일란성 쌍둥이와 이란성 쌍둥이의 일치율 차이가 매우 크다. 이 차이가 크면 유전율이 높게 계산된다. 유전율이 높다는 것은 환경적인 요인보다는 유전적인 요인이 원인이 될 가능성이 크다는 의미다. (톰슨 & 톰슨 의학유전학)

여러 다인자 질환의 일치율-일란성 쌍둥이(MZ), 이란성 쌍둥이(DZ)

질환	일치율(%)	
	MZ	DZ
다발성경화증(Multiple sclerosis)	18	2
제1형 당뇨병(Type 1 diabetes)	40	5
조현병(schizophrenia)	46	15
구순구개열(cleft lip with or without cleft palate)	30	2

(출처: 톰슨 &톰슨 의학유전학)

Story_ 21

유전-환경 상호작용 질병의 예
영화 〈우리 형〉

1990년대 후반, 한 고등학교. 같은 반에 연년생 형제가 재학 중이다. 잘생긴 얼굴에 싸움까지 잘하는 '싸움 1등급' 동생-종현(원빈)과 한없이 다정하고 해맑은 '내신 1등급' 형-성현(신하균). 어린 시절부터 형만 편애하던 어머니(김해숙) 때문에 17년째 교전 중이던 형제는 어느 날, 두 형제가 동시에 인근 지역 최고 퀸카-미령(이보영)에게 반하면서 2라운드에 돌입한다.

(네이버 영화정보)

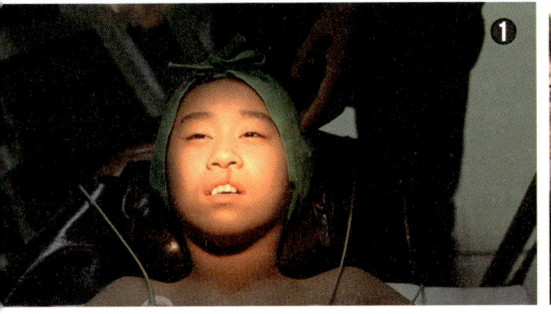 

영화 <우리 형> 앞부분에 형 성현의 어린 시절 수술 장면이 나온다. 선천성 질병 중 하나인 구개열로 수술받았다.

구순구개열은 가장 흔한 선천성 기형으로 신생아 1,000명당 1.4명이 발생한다. 임신 35일경에 일어나는 윗입술과 경구개를 만드는 배조직의 융합실패로 일어난다. 복합유전을 보이는 다인자질환(multifactorial disease)이다. 다인자 질환이란 여러 개의 유전자가 원인이 되고, 환경적 요인도 원인이 된다. 구순구개열은 임산부의 영양 상태가 크게 관련되는 것으로 알려져 있다.

엽산(folic acid)에 대한 기념비적인 논문

소개할 논문은 1980년에 발표된 임산부의 영양 상태 중에서 엽산(folic acid)의 섭취가 신경관 결손 예방에 중요함을 밝힌 논문이다. 임산부의 엽산 섭취 부족은 구순구개열 발생과도 관련이 높다. 구순구개열의 유전적 원인과 엽산 부족이 함께 있을 때는 발생의 위험이 매우 커진다. 유전-환경 상호작용의 좋은 예이다. 엽산 대사와 관련이 높은 것은 MTHFR 유전자이다.

이 연구의 성과로 최근에는 모든 임산부가 충분히 엽산을 복용하게

사진설명
❶ 성현이 구개열로 수술받는 장면
❷ 고등학교 시절의 장면

함으로써 구순구개열과 신경관 결손의 발생이 많이 줄었다. 보건의료 분야에 크게 기여한 기념비적인 논문이다.

기념비적인 논문2
THE LANCET
Volume 315, Issue 8164, 16 February 1980, Pages 339-340

Preliminary Communication
POSSIBLE PREVENTION OF NEURAL-TUBE DEFECTS BY PERICONCEPTIONAL VITAMIN SUPPLEMENTATION

R.W. Smithells [a], S. Sheppard [a], C.J. Schorah [a], M.J. Seller [b], N.C. Nevin [c], R. Harris [d], A.P. Read [d], D.W. Fielding [e]

[a] Department of Paediatrics and Child Health, University of Leeds, United Kingdom
[b] Paediatric Research Unit, Guy's Hospital, London, United Kingdom
[c] Department of Medical Genetics, Queen's University of Belfast, United Kingdom
[d] Department of Medical Genetics, University of Manchester, United Kingdom
[e] Department of Paediatrics, Chester Hospitals, United Kingdom

Available online 26 September 2003.

한편, 엽산 섭취에 임산부의 주의가 필요하다. 서울대 약학대학 정진호 교수는 「위대하고 위험한 약 이야기」에서 다음과 같이 말했다.

"수용성 비타민은 많은 양을 먹어도 부작용이 적은 편이지만, 비타민 B6와 엽산은 예외다. 비타민 B6는 너무 많이 먹으면 감각과 신경 장애를 일으킨다고 알려져 있다. 임산부의 경우 엽산 결핍증과 과잉 섭취 사이의 안전역이 너무 좁아 양을 조금만 잘못 조절해도 결핍증과 과잉 섭취의 문제에 부딪히기 쉽다. 이를테면 성인 여성의 엽산 하루 권장 섭취량은 0.4 mg이지만 엽산 결핍으로 인해 기형아를 출산할 위험성 때문에 임산부의 하루 권장 섭취량은 50%가 많은 0.6 mg이다. 그런데 엽산을 1mg 이상으로 과잉 섭취해도 기형아를 출산할 수 있다고 한다. 이런 이유로 임산부가 비타민제를 먹을 때 의사의 처방에 따라 임산부용 전문 비타민제를 먹도록 권한다." (정진호. 위대하고 위험한 약 이야기. 푸른숲)

Story_ 22

다인자 선천성 심장 질환
영화 〈디스 크레이지 하트〉, 〈미나리〉

금수저 백수 '레니'와 열다섯 시한부 '데이빗', 전혀 다른 인생을 살고 있던 두 남자가 만나 함께 버킷 리스트를 완성해 나가는 감동 실화 드라마(네이버 영화정보).

낯선 미국, 아칸소로 떠나온 한국 가족. 가족들에게 뭔가 해내는 걸 보여주고 싶은 아빠 '제이콥'(스티븐 연)은 자신만의 농장을 가꾸기 시작하고 엄마 '모니카'(한예리)도 다시 일자리를 찾는다. 아직 어린아이들을 위해 '모니카'의 엄마 '순자'(윤여정)가 함께 살기로 하고 가방 가득 고춧가루, 멸치, 한약 그리고 미나리 씨를 담은 할머니가 도착한다. 의젓한 큰딸 '앤'(노엘 케이트 조)과 장난꾸러기 막내아들 '데이빗'(앨런 김)은 여느 그랜마같지 않은 할머니가 영- 못마땅한데... 함께 있다면, 새로 시작할 수 있다는 희망으로 하루하루 뿌리내리며 살아가는 어느 가족의 아주 특별한 여정이 시작된다!

(네이버 영화정보)

 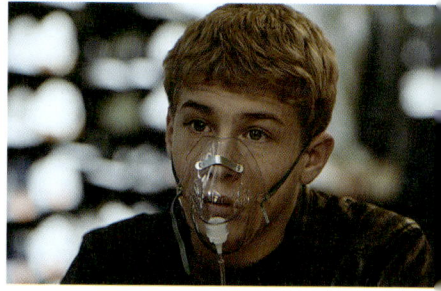

영화 <디스 크레이지 하트>에서 레니는 대학 중퇴자로 심장 전문의 의사 아버지를 둔 청년이다. 그는 2년간 백수 생활을 한다. 반면 데이빗은 선천성 심장 질환이 있는 소년이다. 쇼핑몰에서 데이빗이 청색증 증상을 보여서 레니가 급하게 산소통을 찾는 장면이 나온다.

선천성 심장 기형은 원인이 복합적이어서 단일유전자 또는 염색체의 기전에 의한 예도 있고, 풍진 바이러스 감염, 임산부 당뇨 등의 기형유발 환경으로 발생할 수도 있어서 유전자+환경이 원인이 되는 다인자 질환이라 할 수 있다. (톰슨&톰슨 의학유전학)

2021년 개봉한 아카데미 여우조연상 수상작 <미나리>에서 이민자 가족의 막내아들 '데이빗'(앨런 김)은 선천성 심장 기형을 가지고 있다. 영화 후반부에 데이빗의 심장 질환은 기적적으로 회복된다.

사진설명
❶ 영화 <미나리>의 가족과 막내아들 데이빗

선천성 심장 기형 중 심실중격결손(ventricular septal defect, VSD)이 가장 흔하다. 이것은 왼심실과 오른심실 사이의 심실사이막(심실중격)에 구멍이 있는 것이다(그림 14). 소아에서는 증상이 비교적 일찍 나타나고 대부분 어릴 때 발견되지만, 구멍의 크기가 작고 구멍을 통한 혈액의 흐름이 적으면 증상이 없어서 성인이 되어 뒤늦게 발견되는 경우도 있다. 또 아이가 성장하면서 저절로 막히기도 한다. (초음파검사학, 고려의학)

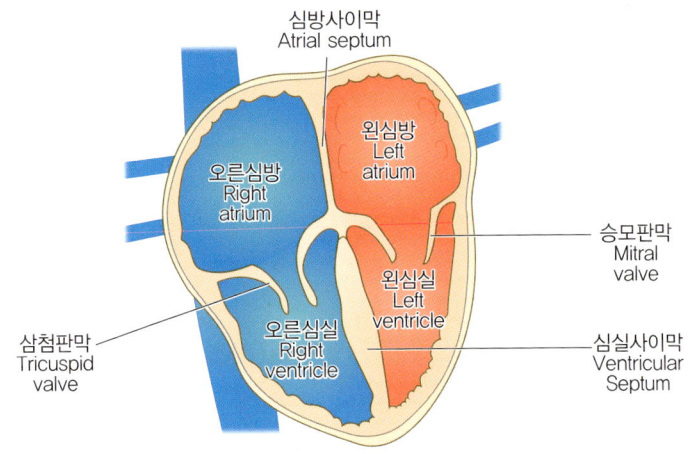

그림 14. 심장의 구조(출처: 초음파 검사학, 고려의학)

한편, <미나리>에서 할머니와 어린 남매가 화투를 치는 장면이 있다. 나 또한 초등학생 때 어머니가 직장을 다니셔서 외할머니 손에서 자랐다. 가끔 외할머니와 점 10원의 민화투를 쳤던 기억이 난다. 영화를 보니 한참 전에 고인이 되신 외할머니의 인자한 모습과 자주 해주시던 시래깃국이 생각난다.

사진설명
❷ 영화 미나리에서 할머니와 남매가 화투 치는 장면

Story_ 23
비만과 유전자
영화 〈길버트 그레이프〉

인구 1,091명이 사는 아이오와주의 작은 마을 엔도라에서 정상적이지 않은 가족들을 돌보는 길버트 그레이프. 집안의 가장인 그에게는 자살한 아버지와 그 충격으로 초고도 비만이 되어 움직이지 못하는 어머니, 누나 에이미와 반항적인 여동생 엘렌, 그리고 지적장애인 동생 어니가 있다.

(네이버 영화정보)

영화 <길버트 그레이프>는 영화배우 조니 뎁과 레오나르도 디카프리오의 초기 출연작이다. 디카프리오는 시한부 유전병으로 지적장애가 있는 어니를 연기했다. 아버지의 자살 충격으로 7년간 집 밖에 나가지 않은 초고도 비만 엄마가 있다. 주인공 길버트는 이런 여러 문제가 있는 가정에서 생활을 꾸려나가는 성실한 청년이다. 매일 동생 어니를 목욕시키고 돌보는 것도 길버트의 몫이다.

2004년 타임지에 비만의 보건학적 위험을 경고하는 표지가 있었다.

2006년에 연세대 보건대학원 지선하 교수는 세계 최고 권위의 학잡지인 뉴잉글랜드저널오브메디슨(NEJM)에 관련 연구를 발표했다. 나는 공동 저자로 논문에 참여했다. 한국인 130만 명을 추적조사한 코호트 연구에서 비만

사진설명
❶ 초고도 비만 어머니와 가족의 식사 장면
❷ 2004년 타임지 표지

은 사망률과 심장병 및 암 사망 위험을 높였다(Jee SH, Sull JW, et al. NEJM 2006). 비만은 당뇨병의 주요 위험 요인이다. 제2형 당뇨병 유전자를 찾기 위한 많은 연구자의 노력에도 2006년까지는 그 원인 유전자를 찾지 못했다.

미국 유학 시절 일화를 소개하겠다. 내가 속한 존스홉킨스 보건대학원 유전역학과에 나와 동시에 유학 온 친구가 있었다. 태국 국비유학생으로 박사과정에 입학한 남자 의사인 '붐'이었다. '붐'과 나는 서로 유창하지 않은 영어로 기숙사 휴게실에서 1시간 이상 대화를 나누곤 했다. 그러다가 '폴 챈'이라는 중국계 미국인이 석사 과정으로 입학했다. 폴은 의학전문대학원 지망생이었다. 우리 셋은 친하게 지냈다. 2007년 어느 날 붐과 폴이 상기된 표정과 격앙된 목소리로 한 논문을 보면서 대화를 나누고 있었다. 나는 다가가서 물었다.

"어떤 논문을 보고 있니?"

"사이언스지에 GWAS라는 새로운 연구방법으로 당뇨병 유전자를 찾았다는 논문 2편이 거의 동시에 실렸어."

한 편의 논문도 발표하기 어려운 사이언스지에 같은 주제와 같은 연구방법의 논문 2편이 동시에 실렸다는 것은 분명 놀라운 뉴스였다. 그만큼 GWAS라는 새로운 연구방법에 대해서 높게 평가했다는 의미다. 그리고 비슷한 주제의 GWAS 논문이 네이처지에도 연이어 발표되었다. 이는 내가 속한 유전학 연구 분야 대변화의 시작이었다. 첫 GWAS 논문은 2005년에 사이언스지에 발표되었지만, 연구자들은 새로운 GWAS라는 연구방법에 대해서 반신반의하였다. 그러다가 2007년 사이언스지 논문으로 연구자들이 GWAS 논문을 신뢰하는 계기가 된 것 같다(그림 15).

GWAS 연구 이전과 이후의 인간 유전학 분야는 큰 차이가 있다. 신약 개발할 때 동물실험만으로는 연구자들의 신뢰를 얻지 못한다. 대규모의 사람을 대상으로 한 임상시험연구로 증명되어야 비로소 신약으로 승인받을 수 있다. GWAS 연구는 유전자 탐색 연구에 있어서 대규모 임상시험연구와 같은 역할을 한 것 같다. GWAS 연구 이전에는 어떤 연구자가 유전자를 찾았다고 발표해도 연구자들이 확신하지 못했다면 GWAS 연구 결과들은 대체로 새로운 유전자를 찾은 것으로 인정받았다.

2007년에 발표된 GWAS 논문은 16번 염색체에 있는 FTO 유전자를 찾았다는 것이다. 이 유전자는 당뇨병 및 비만과 관련이 있다. 2007년에 과학전문지 <사이언스>에 프레일링(Frayling) 등의 비만 유전자(FTO) 발견에 대한 많은 뉴스 보도가 있었다. 2009년에는 우리나라 한의학연구원에서 사상체질 중 비만과 관련 있는 '태음인'이 FTO 유전자 변이와 관련 있다고 보고했다. FTO 유전자는 식욕 촉진과 관련 있는 것으로 알려져 있다.

2007년 사이언스지 논문을 더 자세히 보면 16번 염색체에 있는 FTO 유전자에 위치한 하나의 SNP인 rs9939609의 유전자형은 TT, AT, AA의 3가지를 갖는다(그림 16). TT 유전자형을 가진 사람보다

Klein RJ, Zeiss C, et al. Complement factor H polymorphism in age-related macular degeneration. Science. 2005 Apr 15;308(5720):385-9.

Frayling TM, Timpson NJ, et al. A common variant in the FTO gene is associated with body mass index and predisposes to childhood and adult obesity. Science. 2007 May 11;316(5826):889-94.

Scott LJ, Mohlke KL, et al. A genome-wide association study of type 2 diabetes in Finns detects multiple susceptibility variants. Science. 2007 Jun 1;316(5829):1341-5.

Wellcome Trust Case Control Consortium. Genome-wide association study of 14,000 cases of seven common diseases and 3,000 shared controls. Nature. 2007 Jun 7;447(7145):661-78.

그림 15. 2005년 GWAS 논문과 2007년에 거의 동시에 발표된 GWAS 연구방법의 FTO 유전자에 대한 사이언스지와 네이처지 논문

연구 결과

Major allele: T
Minor allele: A

Table 1. Association of BMI with rs9939609 genotypes, corrected for sex, in type 2 diabetes cases from genome-wide and replication studies, control participants from replication studies, and adult population-based studies. P values represent the change per A allele. BMI presented as geometric means and back-transformed 95% confidence intervals.

Rs9939609 genotypes

Study	Age, years (mean, SD)	Males (%)	N	Mean BMI (95% CI) by genotype			P
				TT	AT	AA	
Type 2 diabetes							
UK cases (WTCCC)	58.6 (10.3)	58	1913	30.15 (29.69, 30.62)	30.47 (30.12, 30.83)	31.99 (31.39, 32.59)	8×10^{-6}
UK T2D Cases	59.2 (8.6)	58	609	30.89 (30.12, 31.69)	31.14 (30.51, 31.78)	33.46 (32.38, 34.58)	0.001
UKT2D GCC Cases	64.1 (9.6)	57	2961	30.59 (30.24, 30.95)	30.96 (30.67, 31.26)	31.98 (31.48, 32.50)	3×10^{-5}
Combined T2D (I^2)							3×10^{-11} (15.6%)

그림 16. 2007년 사이언스지 비만 유전자 논문 결과(출처: Fraying et al. 2007)

AA 유전자형을 가진 사람이 더 비만하다는 것이 논문의 결과이다. 즉, 평균 체질량지수(BMI)가 유전자형 TT는 30.15, AT는 30.47, AA는 31.99로 유전자형 AA인 사람들이 더 비만하다는 것이다. 비만 관련 유전자에는 FTO 이외에도 MC4R, LEPR, CDH13 등이 있다.

GWAS 연구에서 보고된 비만 관련 후보 유전자(SNPs)

표현형	염색체	유전자	SNP	참고문헌
아디포넥틴	16	CDH13	rs3865188	한국인 GWAS 결과
아디포넥틴	16	CDH13	rs12596316	한국인 GWAS 결과
비만/당뇨병	16	FTO	rs9939609	Li et al. 2008
비만/당뇨병	16	FTO	rs8050136	Li et al. 2008
비만	1	LEPR	rs10158279	한국인 GWAS 결과
비만	1	LEPR	rs6697315	한국인 GWAS 결과
비만	18	MC4R	rs17782313	Loos et al. 2008

전장 유전체 관련성 연구(Genome wide association study, GWAS)

만성질환 유전자 찾기의 넷째 단계인 인간유전체의 질병유전자 위치를 찾는 방법 중에서 비교적 최근의 방법이 GWAS이다. 전장 유전체 관련성 연구(GWAS)는 인간 유전체 전체에서 10만 개에서 수백만 개에 이르는 유전자 표지자(marker)를 사용하여 연구한다. 이러한 접근 방법은 만성질환 연구에 매우 성공적이어서 2000개 이상의 SNP가 여러 만성질환과 관련이 있다고 확인되었다. (노인보건학, 계축문화사, 2018)

나는 2010년에 '혈청 아디포넥틴의 GWAS 연구'를 유전학 분야의 국제 저명 학술지인 AJHG에 공동 제1저자로 논문을 발표했다(Jee SH, Sull JW et al. 2010). 국내에서는 비교적 초창기에 GWAS 연구를 수행했기에 분석 방법을 교육받을 수 없어서 GWAS 통계 프로그램인 plink 프로그램의 매뉴얼을 보면서 독학했던 기억이 난다.

아래 그림은 GWAS 연구 주요 결과인 맨하탄 도표의 아디포넥틴 결과 예이다(그림 17). 가로축은 분석한 전체 SNP들을 염색체 순서대로 배열한 것이고, 세로축은 -log10 p-value로 이것은 통계적 유의성이다. 이 숫자가 클수록 원인 유전자 위치라는 의미이다. 아래 그림에서는 16번 염색체에서 가장 높은 관련성 있는 유전자 위치가 있다고 할 수 있다.

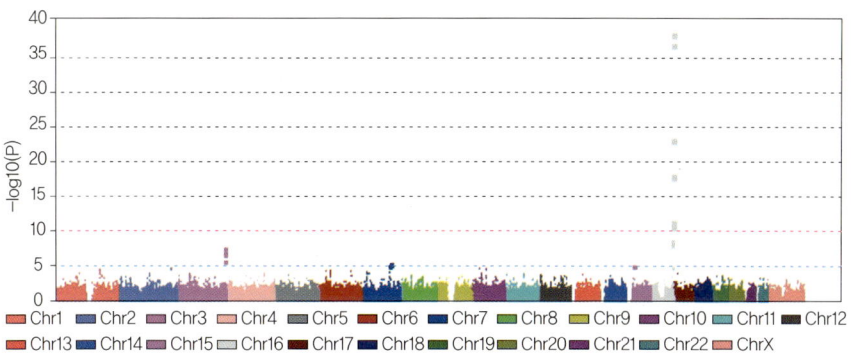

그림 17. 맨하탄 도표의 예(GWAS 결과)(출처: Jee SH, Sull JW et al. AJHG. 2010)

Story_ 24

비만유전자 운동으로 극복?
영화 <아이 필 프리티>

뛰어난 패션 감각에 매력적인 성격이지만 통통한 몸매가 불만인 '르네' 하아.. 예뻐지기만 하면 뭐든 다 할 수 있을 것만 같다. 하늘에 온 마음을 담아 간절히 소원을 빌지만 당연히 달라지는 건 1%도 없고. 오늘도 헬스클럽에서 스피닝에 열중하는 '르네'! 집중! 또 집중! 난 할 수 있다! 예뻐질 수 있다..!!! 그러나 과도한 열정은 오히려 독이 되는 법. 미친 듯이 페달을 밟다가 헬스클럽 바닥에 내동댕이쳐져 머리를 부딪치고.. 지끈지끈한 머리, 창피해서 빨개진 얼굴로 겨우 일어났는데 뭔가 이상하다! 헐, 거울 속의 내가... 좀 예쁘다?! 드디어 소원성취한 '르네'의 참을 수 없는 웃음이 터진다!

(네이버 영화 기본정보)

비만의 유전 환경 상호 작용

2007년 이후 GWAS 연구를 통하여 FTO(FAT MASS-AND OBESITY) 유전자 rs9939609 SNP은 비만과 높은 관련성이 보고되었다.

2008년에 미국 소렌 스니트커 교수는 'FTO라고 불리는 비만유전자를 타고 태어났더라도 열심히 운동하면 정상 체중을 유지할 수 있다'라는 내용의 연구를 발표했다. 이 유전자는 신체활동 및 식이 섭취 등의 환경요인과 유전-환경 상호작용이 존재한다는 것이 많이 보고되었다. 그림 18은 미국 연구자의 논문 결과이다. 운동을 적게 하는 집단에서는 FTO 유전자의 다른 SNP인 rs1861868 유전자형 AA, AG, GG에 따라서 비만의 정도가 통계적으로 의미 있게 차이 있었다. 그러나 운동량이 많은 집단에서는 FTO 유전자의 유전자형 AA, AG, GG에 따라서 비만의 정도가 차이가 없었다. 즉, FTO 유전자의 뚱뚱한 체질과 관련 있는 대립유전자를 갖고 있더라도 운동을 열심히 하는 경우에는 FTO 유전자와 비만과의 관련성이 거의 없었다. 비만유전자 변이가 있어도 운동으로 극복할 수 있다는 의미다.

식습관에 대해서도 마찬가지로 뚱뚱한 체질의 유전자 변이가 있어

사진설명
❶ 르네가 헬스클럽에서 운동하는 장면

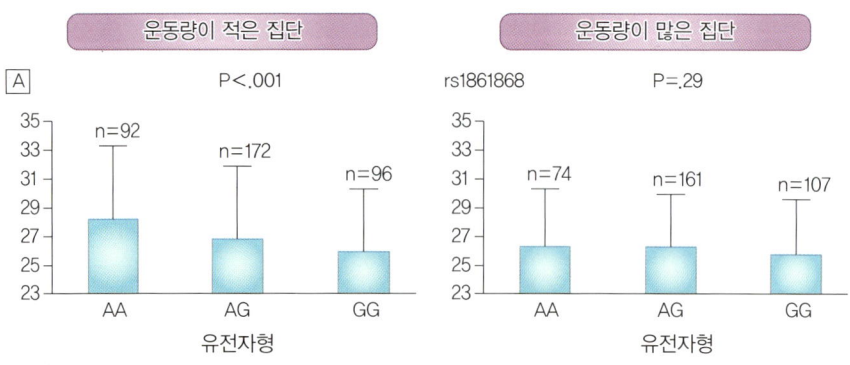

그림 18. 운동 여부에 따른 유전자형과 체질량지수(BMI) 관련성
n: 사람 수, p: 유의확률 (출처: Arch int med, 2008)

도 지방섭취가 적으면 비만과 FTO 유전자와의 관련성은 거의 없다고 보고한 연구들이 많이 있다(Am J Clin Nutr, 2009). 그림 19에서 막대그래프 색깔은 FTO 유전자의 유전자형을 나타낸다. 지방량 섭취가 많은 군에서는 비만유전자의 유전자형에 따라서 비만 정도에 차이가 있었다. 그러나 지방량 섭취가 적은 군에서는 유전자형에 따른 비만 정도의 차이는 없었다. 즉, 비만유전자 변이가 있어도 식습관으로 극복할 수 있다는 의미다. 유전-환경 상호작용의 좋은 사례라고 할 수 있겠다.

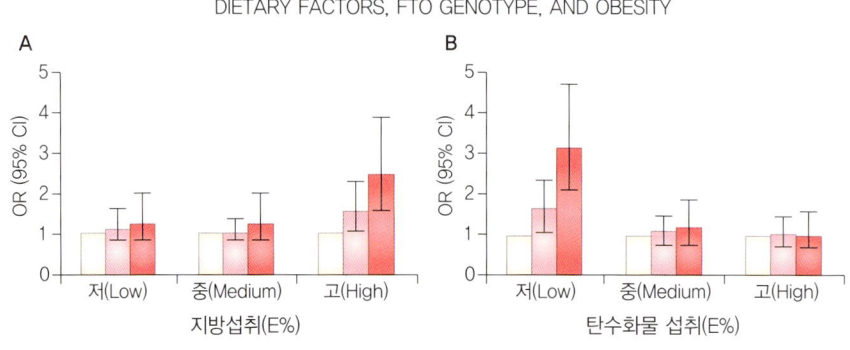

그림 19. 식습관에 따른 비만유전자와 비만과의 관계(출처: Am J Clin Nutr, 2009)

Chapter 5

감수분열과 염색체

Story_ 25

세포주기와 세포분열
영화 〈잭〉

잭(Jack Powell: 로빈 윌리암스 분)은 임신 10주 만에 출생했다. 잭의 나이 10살일 때, 외모는 마흔 살 중년의 모습이다

(네이버 영화정보).

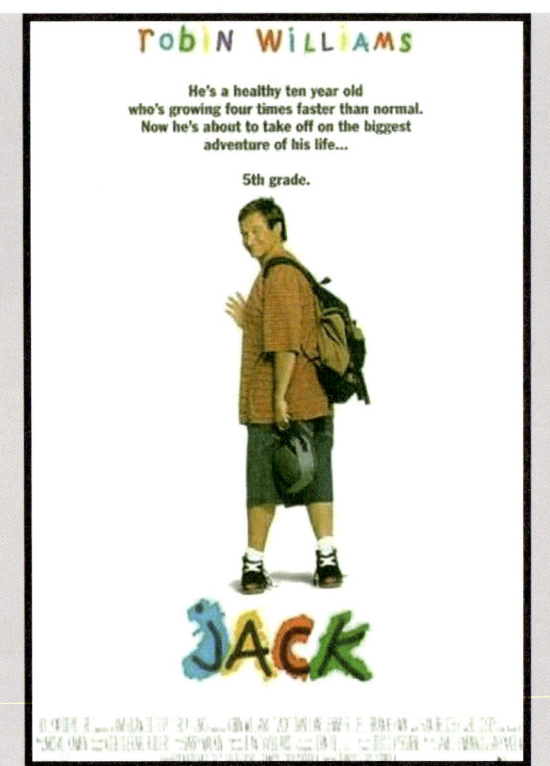

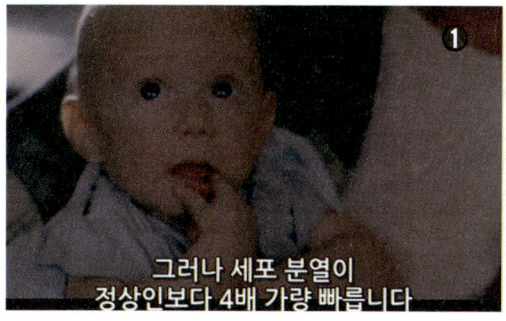
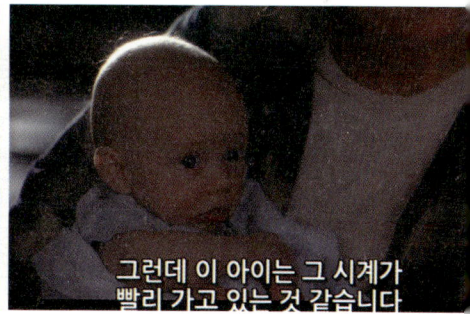

　영화 속 주인공 잭은 '조로증'이라는 질병과 비슷하게 세포의 시계가 빨리 가고 있다. 영화에서 잭의 세포분열이 일반인의 4배로 빠르다고 설명한다. 잭은 10주 만에 태어난 아기로 나온다. 일반적인 임신 과정이 10달인 것을 생각하면 빠른 세포분열로 빠른 성장을 의미한다.

　영화는 잭이 초등학교에 다니면서 벌어지는 여러 우발사건을 다루고 있다. 영화 <잭>의 앞부분에는 뇌파검사 장면이 나온다. 뇌파는 뒤통수 부분에서 높게 나타나는 파형이 알파파이다. 이 알파파는 아이들이 성장함에 따라서 변화한다. 아동기는 매우 높은 진폭의 파형을 보이나가 사춘기 이후에는 성인과 비슷한 알파파의 형태를 가진다. 즉, 뇌파를 보면 어린이들의 성장 과정을 어느 정도 알 수 있다.

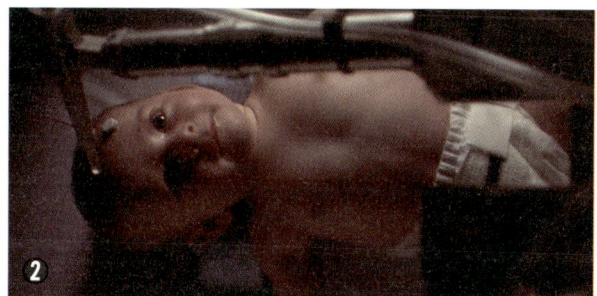

사진설명
❶ 의료진이 잭의 세포분열이 일반인의 4배로 빠르다고 설명하는 장면
❷ 잭의 뇌파검사 장면

세포분열이란 무엇인가?

우리 몸의 세포분열은 체세포분열과 감수분열이 있다. 체세포분열을 먼저 알아보자.

그림 20에서 M이라는 것은 분열기(Mitosis)이다.

G1기부터 S기, G2기는 간기(interphase)라고 한다. 세포분열 전 단계이다. 사실 세포분열의 대부분 시간은 간기이고, 분열기는 간기보다 시간이 짧으며 염색체를 관찰할 수 있다. 간기 중에서도 G1기 시간이 길다. S기는 합성기로 DNA가 복제된다. 즉 하나의 염색체가 복제되어서 똑같은 것이 두 개가 만들어진 자매염색분체의 형태로 복제가 된다. 이 복제된 것이 분열기에서 나뉜다. 결과적으로 하나의 세포가 2개의 세포가 된다. 이것이 체세포분열의 대략적인 과정이다.

핵 속에 있는 염색체가 세포분열 하지 않는 간기(interphase)에는 풀어져 있는 염색사로 존재한다. 염색사는 DNA가 히스톤 단백질을 감고 있는 것이 응축된 것이다. 세포 분열기에서 보는 염색체는 염색사가 더 응축된 형태이다. 즉, 염색체라는 것은 DNA가 뭉쳐진 것으로 말할 수 있다(그림 21).

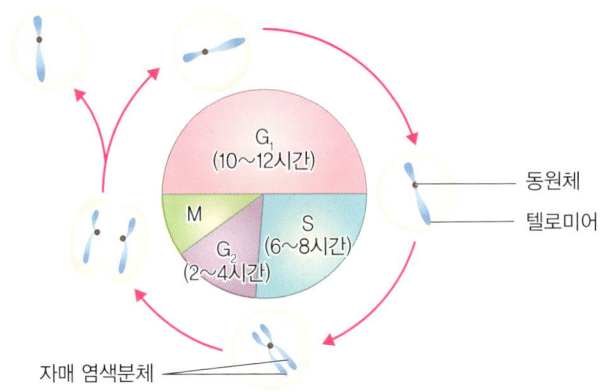

그림 20. 전형적인 체세포분열 세포주기(출처: 의학유전학8판.범문사)

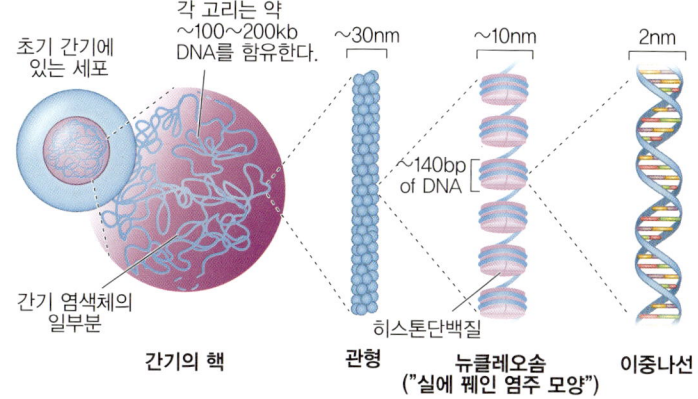

그림 21. 인간 염색체에서 염색질 포장의 계층 수준(출처: 의학유전학8판.범문사)

 현미경으로 체세포분열 중기 때 김자(giemsa)염색을 통해서 염색체를 관찰하는데 이 과정을 핵형(karyotype) 분석이라고 한다. 김자염색을 하면 DNA 염기서열의 특성에 따라서 밝고 어두운 띠를 형성한다(그림 22).

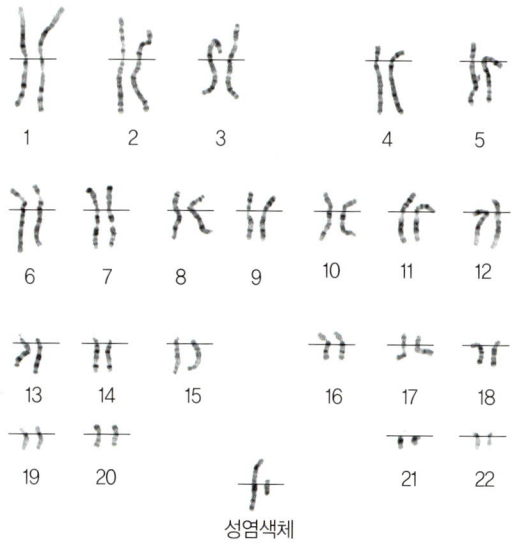

그림 22. 김자염색된 남자의 핵형(출처: 의학유전학8판.범문사)

Chapter 5. 감수분열과 염색체

1번 염색체가 가장 크고 크기순으로 염색체 번호가 배열되었다. 21번 염색체만 예외적으로 22번보다 작다. 핵형 분석에서는 주로 46개의 염색체가 모두 있는가를 확인한다.

영화에서 한 10살 소년이 '20살이 인생에서 최고래'라고 말한다. '그 다음은 내리막길이래'라고 말한다. 최근 김형석 교수의 책「백년을 살아보니」에서는 인생의 전성기는 20대가 아니라 60~75세라고 주장한다. 물론 그의 주장은 신체적인 나이를 의미하는 것이 아니라 정신적인 나이를 말한다.

잭은 10세의 나이에 40세의 신체 나이를 가지고 있다. 10살의 나이임에도 탈모가 진행하여 고민하는 장면도 있다. 40대 남성이라면 대부분 공감하는 고민을 10세의 잭이 하고 있다. 한편 잭은 학교 여자 선생님을 짝사랑하다가 좌절하면서 심장마비로 쓰러진다. 실제로 40대 이후의 남성은 여러 만성 질병의 위험이 크다. 20대에는 운동의 필요성을 느끼지 못했던 사람들도 40대가 되고 병원 신세를 지다 보면 그 필요성을 절감한다.

잭은 어리고 순수하지만, 어른의 신체를 갖고 있다. 고교 졸업식 장면에서 대표연설을 할 때는 이미 할아버지의 모습이다.

사진설명
❸ 잭의 탈모 장면과 ❹ 졸업식 축사 장면

조로증은 말 그대로 남들보다 빨리 늙는 병이다. 의학유전학자 프랜시스 콜린스는 조로증 중 하나인 허친슨-길퍼드 조로 증후군(Hutchinson Gilford Progeria syndorme) 환자의 임상 진료 경험을 소개한다.

"길퍼드 조로 증후군은 발생 빈도가 4백만 명 중 한 명꼴로 매우 드물다. 조로증 어린이의 평균적인 사망 연령은 보통 열두 살이고, 그 사망 원인은 대부분 심장발작이나 뇌졸중이다. 조로증이 있는 어린이들은 정상적인 노화 속도보다 7배나 빠르게 늙는 것으로 보인다." (프랜시스 콜린스, 생명의 언어)

Story_ 26

염색체의 텔로미어와 노화
영화 〈인 타임〉

가까운 미래, 모든 인간은 25세가 되면 노화를 멈추고, 팔뚝에 새겨진 '카운트 바디 시계'에 1년의 유예 시간을 받는다. 이 시간으로 사람들은 음식을 사고, 버스를 타고, 집세를 내는 등, 삶에 필요한 모든 것을 시간으로 계산한다. 하지만, 주어진 시간을 모두 소진하고 13자리 시계가 0이 되는 순간, 그 즉시 심장마비로 사망한다.

(네이버 영화정보)

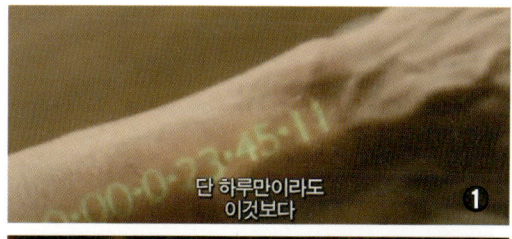

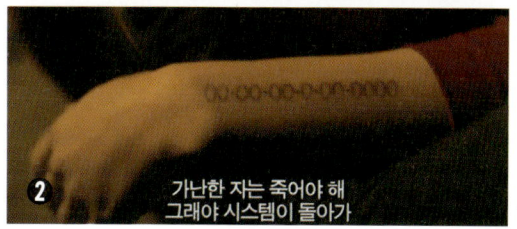

영화 <인 타임>의 영화적 상상력은 왜 가능했을까? 우리 몸의 염색체에는 생체시계라고 불리는 것이 있다. 바로 텔로미어(telomere)다.

염색체 구조를 살펴보자(그림 23). 염색체의 중간에는 방추사가 부착되는 동원체(centromere)가 있다. 염색체 끝부분에는 텔로미어가 있다. 텔로미어는 TTAGGG라는 특정 염기서열이 15000개에서 20000개의 염기의 길이로 반복되어 있다. 나이가 들면서 텔로미어는 점점 짧아지고, 완전히 짧아지면 세포가 죽는다. 즉 텔로미어의 길이가 짧아지는 것이 노화와 관련이 있다. 비유하자면 텔로미어는 구두끈의 끝에 있는 딱딱한 플라스틱 보호막 같다.

이때 텔로머라제(telomerase)라는 효소가 텔로미어가 짧아지지 않게 유지하는 역할을 한다.

대학원 시절 연세의료원 암연구소에서 6개월 정도 일한 적이 있다. 암연구소의 한 박사님은 텔로미어를 연구 주제로 하고 있었다. 그때 알게 된 것이 텔로미어가 암 연구에서도 중요한 주제라는 것이다. 암세포는 세포분열이 지속해서 많이 일어난다. 그러면 텔로미어

사진설명
❶ 팔뚝에 새겨진 '카운트 바디 시계'로 수명을 확인하는 장면과 ❷ 사망한 장면

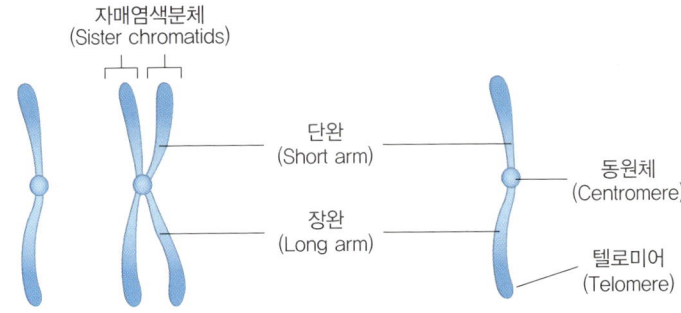

그림 23. 염색체의 동원체(centromere)와 텔로미어(telomere)
(의학유전학. 월드사이언스)

가 짧아져서 암세포가 없어져야 한다. 그러나 암세포는 텔로머라제(telomerase)라는 효소가 활성화되면서 텔로미어가 짧아지지 않는다. 따라서 암의 정복을 위해 암세포에서 텔로미어를 짧아지게 하는 방법을 많이 연구하고 있다.

2009년 노벨생리의학상 수상자는 염색체의 텔로미어와 텔로머라제에 의해 보호되는 원리를 발견한 엘리자베스 블랙번 등의 연구자들이다.

사진설명
❸ 염색체가 텔로미어(Telomere)에 의해 보호되는 원리 발견
(출처: 위키백과 노벨생리의학상 수상자 목록)

노화와 유전자

성경 창세기에는 사람의 수명을 하나님이 120년으로 제한했다고 한다.

"여호와께서 가라사대 나의 신이 영원히 사람과 함께 하지 아니하리니 이는 그들이 육체가 됨이라. 그러나 그들의 날은 일백이십 년이 되리라 하시니라." (창세기 6장3절)

현재까지 가장 오래 산 사람으로 기네스북에 오른 잔 칼망(Jeanne Calment)은 122세 164일(1875~1997)을 살았다. 인간의 건강 수명을 연장하기 위한 연구도 많이 진행 중이다.

텔로머라제의 활동을 조정할 수 있으면 수명 연장이 가능하다는 보고가 있다. 노벨상 수상자 블랙번 교수는 그의 책 「늙지 않는 비밀」에서 "가벼운 운동으로 스트레스를 관리해야 텔로미어 단축 속도를 늦추고 수명을 연장할 수 있다."라고 했다.

2019년 4월에 '우주에서 노화 속도 느려진다'는 제목의 뉴스 보도가 있었다.

"우주에서 장기간 생활하면 신체의 유전자와 면역체계 등이 적잖은 영향을 받고, 노화 속도가 일시적으로 느려진다는 연구 결과가 나왔습니다. 미 항공우주국이 1년 가까이 우주정거장에서 지낸 켈리와 같은 기간 지구에서 생활한 쌍둥이 형제 마크의 DNA 등을 비교 분석한 결과입니다. 연구진은 켈리의 경우 노화와 밀접한 관련이 있는 염색체 끝 텔로미어의 평균 길이가 우주 체류 기간 오히려 길어진 사실을 발견했습니다. 다만 켈리가 지구로 돌아온 뒤 48시간 만에 텔로미어의 길이는 원래 상태로 줄어들었습니다." (YTN science 2019-04-15)

장수 유전자로 알려진 것 중 하나는 폭소(FOXO)3 유전자이다. 2008년 수행된 장수에 관한 한 연구에서는 95세 이상 생존한 사람들을 대상군(cases)으로, 그들과 같은 출생연도인 사람들을 대조군으로 하여 분석한 결과 FOXO3A 유전자 변이가 장수와 관련이 있음을 보고하였다. 2015년의 다른 연구에서도 FOXO3A 유전자와 장수의 관련성을 확인했다. 특히 가장 높은 관련성을 보인 단일염기변이(SNP)는 rs2802292로서 남성 대상자들에서 교차비(odds ratio)는 1.17이었다. 즉, 변이가 있는 사람이 없는 사람보다 장수할 확률이 1.17배 높다는 의미이다. 일부 연구들에서는 FOXO3 유전자가 심혈관질환이나 암도 억제한다고 보고했다. (Morris 등, 2015)

Story_ 27 형제자매가 같은 유전자를 가지지 않는 이유는?
영화 〈어바웃 타임〉

모태솔로 팀(돔놀 글리슨)은 성인이 된 날, 아버지(빌 나이)로부터 놀랄만한 가문의 비밀을 듣는다. 바로 시간을 되돌릴 수 있는 능력이 있다는 것! 꿈을 위해 런던으로 간 팀은 우연히 만난 사랑스러운 여인 메리에게 첫눈에 반한다. 그녀의 사랑을 얻기 위해 자신의 특별한 능력을 마음껏 발휘한다.

(네이버 영화정보)

영화 <어바웃 타임>은 남자들만의 세대를 이어온 비밀이 있는 가족의 이야기다. 이 영화처럼 남자에서 남자로만 다음 세대에 어떤 유전형질이 전달된다면 여러분은 무엇을 생각할 수 있을까?

부계유전과 모계유전

Y 염색체에 그 비밀 유전자가 위치하리라 생각할 수 있다. 남성의 Y 염색체는 자신의 아버지에게서 왔다. 즉 부계유전을 한다. 이런 특성 때문에 Y 염색체가 인류의 조상을 찾는 연구에 활용된다.

세포의 핵 속에는 46개 염색체 이외에 원형의 미토콘드리아 염색체도 있다. 미토콘드리아는 우리가 필요로 하는 에너지 대부분을 생산하는 화학 공장이다. 미토콘드리아는 37개의 유전자만 가지고 있다. 미토콘드리아 유전정보는 모계유전을 한다. 어머니로부터 자녀에게 유전정보가 전달되는 특징을 갖는다. 즉 아들과 딸 모두 어머니의 미토콘드리아 유전체를 물려받는다.

영화에서 주인공인 남성 팀과 그의 아버지의 친밀한 부자 관계는 과거 가부장적인 문화인 우리나라에서 보기 드문 것으로 부럽기도 하다. 바람직한 부자 관계로 보인다. 팀은 훗날 메리와 사랑에 빠지고 결혼한다. 그리고 귀여운 딸을 얻는다. 얼마 후 팀의 여동생은 교통사고를 당하고, 팀은 사고가 발생하기 전으로 시간여행을 한다. 불행한 가족의 일을 시간여행으로 바꾼다. 바뀐 현실에 만족한 팀은 집에 돌

아와서 깜짝 놀란다. 자신의 귀여운 딸이 한 번도 본 적이 없는 다른 아이로 바뀌어 있는 것이다. 놀란 팀은 아버지에게 찾아가서 대화를 나눈다.

"아빠, 잠깐 얘기할 수 있어요?"

"그래"

"출산 전으로 돌아갈 순 없나요?"

"안돼, 그 말을 안 했구나. 태어나기 전까진 괜찮지만 정확한 정자와 정확한 순간이 이 아이를 만들어낸 거니까. 조금이라도 다르게 하면 다른 아이가 생기는 거지."

임신을 통해서 같은 유전자를 가진 아이가 태어나는 것은 확률적으로 불가능하다.

사진설명
❶ 팀에게 아버지가 집안의 비밀을 말하는 장면
❷ 시간여행으로 아이가 바뀐 장면
❸ 아이가 바뀐 이유를 설명하는 장면

우리 주변을 보면 형제자매 중에 비슷한 예도 있지만, 정반대의 모습과 성격을 갖는 경우도 적지 않다. 이러한 차이는 왜 생기는가?

크게 두 가지로 답할 수 있다. 첫째 이유는 멘델의 독립 법칙이다.

감수분열과 멘델의 분리 법칙과 독립의 법칙

유전학의 아버지라 불리는 멘델(Gregor Johann Mendel, 1822~1884)은 가톨릭 사제였다. 그는 1853년부터 7년여 동안 수도원의 뒤뜰에 다양한 품종의 완두를 심고, 이들을 인공적으로 교배하여 다양한 잡종들을 만들어냈다. 그 과정에서 유전의 기본 법칙을 알게 되었다. 그는 완두가 가지는 일곱 가지(완두의 색과 모양, 콩깍지의 색과 모양, 꽃의 색깔과 꽃이 피는 위치, 그리고 완두의 키 등)의 출현 빈도를 분석해 일정한 패턴을 찾아냈다. 멘델이 발견한 이 패턴은 이후 '분리의 법칙', '우열의 법칙', '독립유전의 법칙' 등의 이름으로 불리며 유전학에서 가장 중요한 법칙이 되었다. (이은희, 하리하라의 바이오 사이언스)

완두콩 실험으로 발견한 멘델의 유전법칙이 사람에서는 어떻게 적용되는지 살펴보자.

1번부터 22번까지의 상염색체는 같은 모양과 같은 크기로 쌍을 지은 염색체가 두 개씩 있다. 이것을 상동염색체라고 했다. 상동염색체 쌍 2개 중 하나는 아버지에게 받은 부계 염색체이고, 다른 하나는 어머니에게 받은 모계 염색체이다.

그림 24처럼 감수분열 과정에서 상동염색체는 분리되어 부계 염색체와 모계 염색체의 둘 중 하나만 자녀에게 전달된다. 이는 멘델의 분리 법칙이다.

아버지가 자식에게 줄 수 있는 염색체의 가짓수를 따져보자. 염색체 23쌍은 각각 2개의 염색체(부계염색체와 모계염색체)가 있다. 또한, 각각의 염색체들은 독립적으로 자녀에게 유전된다. 따라서 이들

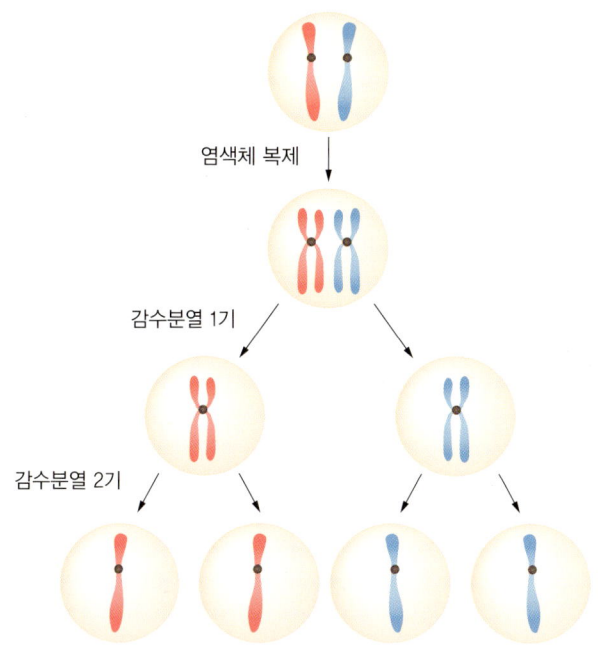

그림 24. 감수분열과 멘델의 분리 법칙(의학유전학8판.범문사)

에게서 나올 수 있는 가짓수는 2의 23승으로 840만 종류의 정자를 만들 수 있다.

  그림 25는 840만 종류 중에서 5가지 종류의 정자 염색체 조합만을 보여준다. 어머니가 자식에게 줄 수 있는 가짓수도 마찬가지로 840만 종류이다. 각각 다른 염색체들은 멘델의 독립 법칙에 따라 자녀에게 전달되기 때문이다. 따라서 이들의 조합 결과 태어날 수 있는 자녀의 종류는 840만×840만, 즉 70조 가지이다. 첫째와 둘째의 유전체가 같다는 것은 확률적으로 불가능하다.

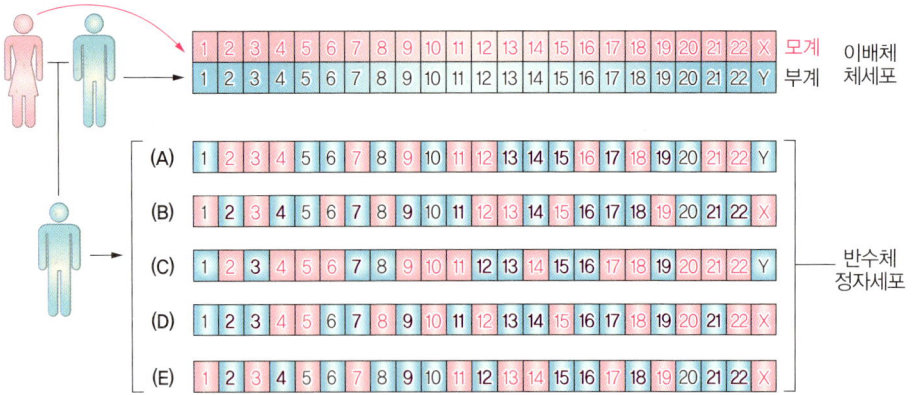

그림 25. 감수분열에서 멘델의 독립 법칙으로 모계, 부계 염색체가 독립적으로 섞임으로 인한 5가지 종류의 정자의 염색체 조합의 예(840만 개의 조합이 가능함)
(출처: Strachan and Read, Human Molecular Genetics 3판)

현대 유전학의 중요한 원리: 교차와 재조합

형제자매가 같은 유전자를 가지지 않는 둘째 이유는 감수분열(meiosis)에서의 교차와 재조합이다(그림 26). 이것은 현대 유전학이 발전하는 데 크게 이바지한 부분이다.

감수분열 초기에는 일단 상동염색체끼리 딱 붙어서 하나로 되어 있다. 이것을 접합(synapsis)이라 한다. 즉, 부계 염색체와 모계 염색체가 접합된다. 그런데 이 과정에서 접합되었던 한 쌍의 부계, 모계 염색체의 상호교환이 일어난다.

염색체의 조각이 교환되는 이 과정을 교차(crossing over)와 재조합(recombination)이라 한다. 1개의 정자에 들어 있는 염색체는 어떤 것이든 어머니 쪽 유전자와 아버지 쪽 유전자의 모자이크로 만들어진다(리처드 도킨스, 이기적 유전자, 을유문화사). 교차가 일어나는 부분을 키아즈마라고 한다. 이처럼 상동염색체끼리의 교차는 염색체를 다양하게 조합시키는 결과를 주기 때문에 세대를 넘어 개체의 다양성이 증가한다.

(김경희, 엄마의 유전학, 고려의학)

멘델의 독립 법칙에 더하여 한 번의 감수분열 중에 교차라는 유전체 섞임 현상이 50번 정도 일어나기 때문에 앞의 정자의 가짓수는 840만×50종류가 된다. 즉, 두 형제자매가 같은 유전체를 갖는 것은 거의 불가능하다. 물론 일란성 쌍둥이의 경우는 예외로 이들은 100% 같은 유전체를 가진다.

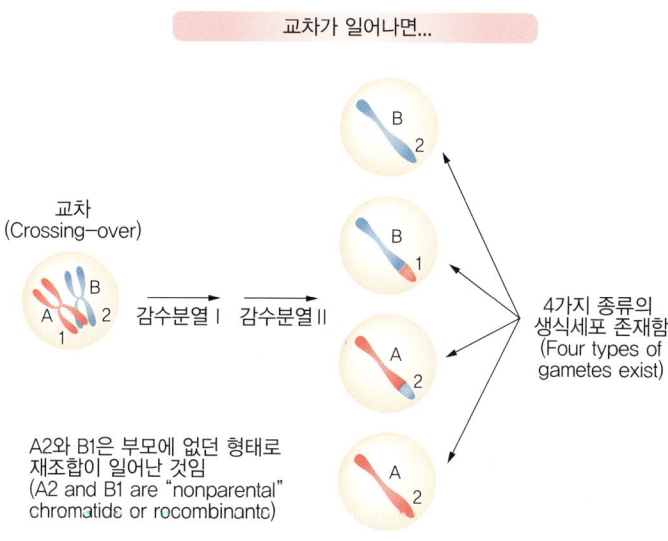

그림 26. 염색체의 교차와 재조합

Story_ 28

멘델의 분리 법칙과 염색체 수의 이상
영화 〈챔피언스〉

프로 농구 리그의 전술 코치인 마르코스는 음주 교통사고를 내고, 사회봉사 명령을 수행하기 위해 지적 장애인 농구팀 '프렌즈'의 감독을 맡게 된다.

(네이버 영화정보)

<챔피언스>는 스페인 영화이다. 30대 장애인들이 영화에 출연한다. 이 중에는 다운증후군이 있는 배우들도 나온다.

다운증후군은 비교적 흔한 염색체 수 이상이다. 다운증후군은 왜 발생할까?

멘델의 분리 법칙과 관련이 있다. 감수분열 과정에서 각각 한 쌍의 상동염색체는 분리되어 둘 중의 하나만 정자나 난자로 간다. 즉, 부계 염색체와 모계 염색체가 분리되어서 둘 중 하나만 생식세포(정자 또는 난자)로 간다. 이것이 바로 멘델의 분리 법칙이다.

우리의 염색체는 2개가 한 쌍이라는 사실은 앞서 설명했다. 이들 이배체라고 한다. 그리고 염색체 수가 많거나 적은 것을 이수체라고 한다. 이수체에는 염색체가 하나(한쪽 부모)뿐인 모노조미(monosomy), 3개 있는 트리조미(trisomy) 등이 있다.

감수분열 과정에서 분리가 안 되는 것을 '비분리'라 한다. 비분리가 염색체 수 이상의 주요 기전이다. 비분리로 염색체를 하나 더 받으면 트리조미(trisomy)가 되고, 하나를 덜 받으면 모노조미(monosomy)가 된다. 트리조미의 대표적인 것이 21번 염색체가 3개인 다운증후군이다. 다운증후군은 21번 염색체가 하나 더 많은 총 47개의 염색체를 가진다. 비분리는 제1 감수분열에서 있을 수도 있고, 제2 감수분열에

사진설명
❶ 다운증후군 배우의 농구 장면

서 있을 수도 있다(그림 27).

다운증후군일 때 평편한 뒤통수 등 특징적인 얼굴 모습을 가진다. 중증부터 가벼운 지적장애가 있다. 또한 조기 치매의 위험이 커진다.

다운증후군일 때 알츠하이머병 조기 치매 위험이 크다면 무엇을 생각할 수 있을까? 다운증후군은 21번 염색체가 하나 더 많아서 발생하므로 알츠하이머 치매 유전자가 21번 염색체에 있지 않을까? 실제로 21번 염색체의 APP(amyloid precursor protein) 유전자가 알츠하이머병의 원인 유전자 중 하나로 알려져 있다. (IAN D. YOUNG. 의학유전학. 월드사이언스)

다운증후군 아이의 출생 비율이 어머니의 나이와 함께 증가하는 것은 잘 알려져 있다. 35세 이상 어머니의 태아 중 다운증후군 발생 확률이 높다. 사마키 에미코는 그의 책에서 "이것은 어머니의 난자가 수정된 뒤 세포분열을 할 때 어머니 나이에 따라 오랜 기간 붙어 있었기 때문에 같은 번호끼리의 염색체가 잘 분리되지 않은 것이 원인이라고 생각된다."고 했다. (사마키 에미코, 인간 유전 100가지)

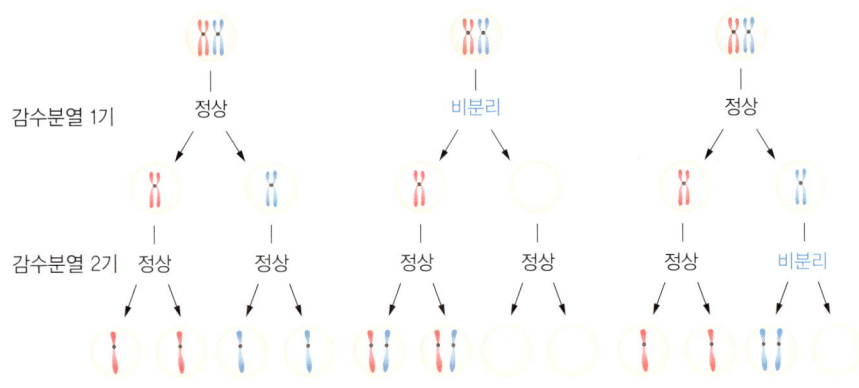

그림 27. 감수분열에서 비분리(출처: 톰슨&톰슨 의학유전학8판. 범문사)

Story_29 모노조미(monosomy)로 생각해보는 아버지
영화 〈뮤직 네버 스탑〉

어느 날 집으로 걸려온 전화, 가출한 지 20년이 된 아들을 찾았다는 소식이었다. 아들을 만난 기쁨도 잠시, 오랜 노숙자 생활을 했던 아들은 뇌종양 수술로 기억이 15년 전에서 멈춰져 있다.

(네이버 영화정보)

<뮤직 네버 스탑>은 2011년 개봉한 영화로 1986년이 배경이다. 실화 수필을 바탕으로 하였다.

1951년생인 아들은 양성 뇌종양으로 기억상실을 앓고 있다. 그는 고교 시절 밴드의 보컬이었다. 아들의 잃어버린 기억을 음악으로 찾아가는 이야기다. 또한, 아버지와 아들의 관계 회복도 다루고 있다.

나를 낳아주신 것만으로도 부모님께 감사해야

주변에서 보면 부모님 두 분을 모두 좋아하고 진심으로 존경하는 복 받은 사람들이 있다. 그러나 영화 <뮤직 네버 스탑>의 부자 관계처럼 어색하고 불편한 경우가 더 많다. 나 또한 예외는 아니다. 아들이 아버지를 미워하고 증오하는 가정도 많다. 그런데 유전학의 모노조미(monosomy)를 공부하다가 정말 부모님이 나를 낳아주신 것만으로도 감사할 이유를 생각하게 되었다.

앞에서 다운증후군인 사람은 21번 염색체가 하나 더 많아 3개인 트리조미(3염색체성)라고 했다. 그러면 21번 염색체가 1개만 있는 사람은 어떻게 될까? 이런 경우는 모노조미(monosomy)라 한다. 이

사진설명
❶ 아버지가 아들과 함께 걸어가는 장면

모노조미는 생존이 안 되고 임신 초기에 유산이 된다. 21번 염색체뿐만 아니라 대부분 염색체의 모노조미(1염색체성)는 생존이 어렵고 유산된다.

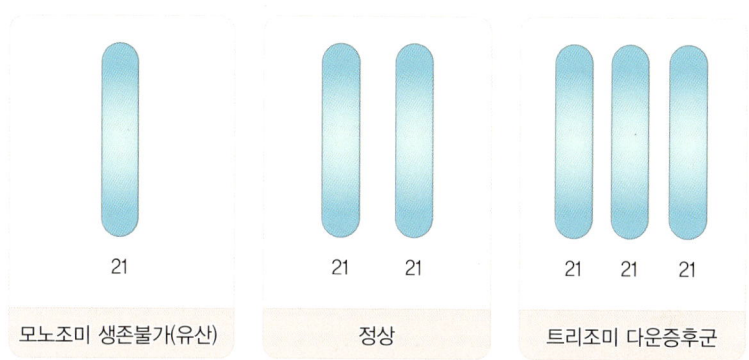

모노조미로 우리 몸 안의 상동염색체 중에서 한쪽이 없으면 생존 자체가 어렵다. 사실 아래 그림처럼 염색체 일부분만 떨어져 나가는 결실(deletion)이 있어도 심각한 장애를 가진다(그림 28).

이런 것을 부분적인-모노조미(partial monosomy)라 한다. 5번 염색체의 일부 지역(5p16)이 떨어져 나가면 특징적인 얼굴을 갖고 지적장애와 관련이 있는 고양이 울음 증후군이 발생한다.

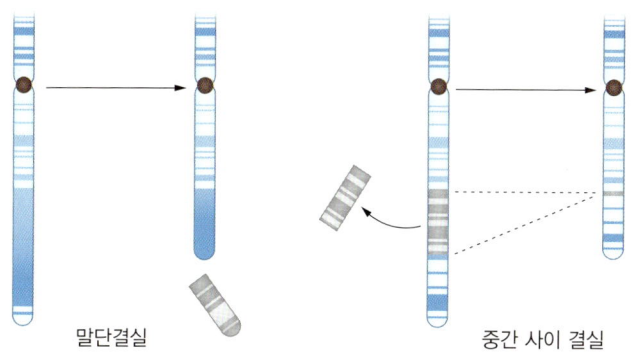

그림 28. 염색체의 결실(deletion) (출처: 의학유전학 8판. 범문사)

11번 염색체는 적혈구의 헤모글로빈을 만드는 베타-글로빈 유전자를 가지고 있다. 정상인에서는 11번 염색체가 2개 있다. 하나는 아버지에서, 다른 하나는 어머니에게서 왔다. 일반적으로 이 2개의 유전자가 모두 발현이 되어서 우리 몸에 필요한 적당량의 헤모글로빈을 생성하는 것이다. 그런데 1염색체성이 되면 유전자가 하나밖에 없으므로 과소발현이 되고 충분한 양을 만들지 못하여 문제가 생긴다.

여기서 이런 생각이 가능하다. 내가 나의 아버지를 미워한다면 사실 내 몸 안의 유전체의 절반을 미워하는 것이다. 그 유전체 절반을 아버지에게 받지 못했다면 나는 존재할 수도 없는데 말이다. 아버지 유전체의 일부분만 없어도 심각한 기형이 발생하거나 생존할 수 없다.

Story_30

성염색체
영화 〈빌리 진 킹: 세기의 대결〉

변화의 바람이 거세던 1973년, 여자 테니스 랭킹 1위, 전 국민이 사랑하는 세기의 챔피언 '빌리'(엠마 스톤)는 남자 선수들과 같은 성과에도 그에 비해 터무니없이 적은 상금에 대한 보이콧으로 직접 세계여자테니스협회를 설립한다. 한편, 전 남자 윔블던 챔피언이자 타고난 쇼맨 '바비'(스티브 카렐)는 그런 '빌리'의 행보를 눈여겨본다.

(네이버 영화정보)

영화 <빌리 진 킹>은 2017년에 국내 개봉했다. 빌리 진과 55세 바비의 테니스 성 대결을 다룬 영화로 실화를 바탕으로 했다. 영화에서 담배회사의 협찬을 받는 장면이 나온다. 1970년대 초만 해도 지금처럼 금연의 인식이 높지 않았음을 알게 된다.

남성우월주의자 바비는 남성의 근육을 자랑하며 빌리 진에게 테니스 성 대결을 부추긴다. 이 경기는 대중에게 큰 관심을 받은 중요한 경기다. 바비는 나이의 한계로 빌리 진에게 패한다.

한편 정상의 자리에 있으면 여러 유혹이 따르는 것을 본다. 미용사 여성이 빌리 진을 유혹하는 장면이 나온다. 빌리 진은 남자와 정상적인 결혼 생활을 하면서도 동성애의 유혹에 빠진 양성애자로 묘사된다.

유방암에 걸리는 남성이 있다

의학유전학을 공부하기 전에 우리나라 국립암센터의 암 통계 자료를 보고 의문을 품은 적이 있다. 일반적으로 유방암은 여성의 질병인데 아주 드물게 0.1% 이하의 남성이 유방암에 걸린 통계 자료를 보았다. 당시에는 통계 오류로 생각했다.

우리 몸 세포는 22쌍(44개)의 상염색체와 1쌍(2개)의 성염색체 총 23쌍, 46개의 염색체를 가진다. 이중 성염색체가 XX면 여성, XY면 남성이다.

사진설명
❶ 바비가 빌리와 테니스 경기를 제안하는 장면과 ❷ 경기에 동의하는 장면

성염색체 수 이상

성염색체 이수체는 상염색체 이수체보다 증상이 가벼운 경우가 많다. 성염색체 이수체인 것을 알지 못한 채 평생을 보내는 사람도 적지 않다. 그중 몇 가지를 살펴보자. 성염색체 수의 이상 중에서 클리네펠터 증후군이 있는데 이 남성들은 XY가 아닌 XXY의 성염색체로 47개의 염색체를 가진다. Y 염색체가 있으므로 남성이지만 키가 커 보이고 어깨가 좁은 특성이 있다. 특히 이들 중 절반은 여성형 유방을 가지게 되고 이들은 유방암이 발병하기도 한다. 클리네펠터 증후군 이외에도 BRCA2 유전자에 돌연변이가 있는 남성도 유방암 위험이 일반인에 비해 높다.

또한, 클리네펠터 증후군은 정자부족증을 수반하기 때문에 불임 치료 진료 검사를 받으러 갔다가 처음으로 알게 되는 일도 많다. 인공수정은 가능하다. 성염색체 이상에 대해서 조금 더 이야기하면 성염색체 트리조미인 초남성(XYY)은 아무 문제가 없으며 불임도 아니다 (유전자 이야기, 더숲). 반면 X가 하나밖에 없어서 45개의 염색체를 가진 여성은 터너증후군이라는 증상이 있어서 키가 작고 거의 불임이 되며 물갈퀴 목 등이 관찰된다. (톰슨&톰슨 의학유전학)

남성의 성 결정에 중요한 SRY 유전자

위의 사례를 통해서 성별 결정에 있어 Y 염색체가 중요함을 알게 된다. Y 염색체는 100개 이하의 유전자를 갖고 있고, 이들 유전자는 대부분 생식샘과 생식기 발달과 관련이 있다.

한편, Y 염색체의 끝부분에 있는 성 결정 영역 유전자(SRY 유전자)가 남성의 성 결정에 중요하다. SRY 유전자는 유전자가 발견되기 전 이름인 '정소 결정 인자(TDF)'라고도 부른다(그림 29).

감수분열 과정에서 염색체의 교차와 재조합 때문에 SRY 유전자를 포함한 XX 핵형을 가진 남성이 보고되었다. 반대로 SRY 유전자가 없는 Y 염색체를 가진 XY 핵형의 여성도 있다. 이를 통해서 SRY 유전자가 성별 결정에 중요함을 알게 되었다. 한편 남성의 정자 생성에 중요한 유전자로 AZF 유전자도 있다. 이 유전자에 결손이 있으면 무정자증이 발생하기도 한다.

2021년 3월 '생리·임신 안 하던 中 여성… 25년 만에 알았다, 중성이란걸'이란 제목으로 다음과 같은 뉴스 기사가 있었다.

"평생 자신을 '여성'이라고 믿어온 중국인 A(25)씨가 다리를 다쳐 입원한 병원에서 여성도, 남성도 아닌 중성이라는 황당한 이야기를

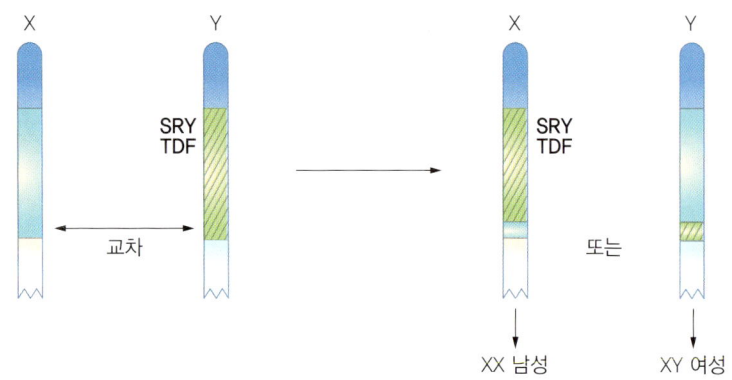

그림 29. 남성의 성 결정에 중요한 SRY 유전자(톰슨&톰슨 의학유전학 8판. 범문사)

들었다. 정밀 검사를 위해 찾아간 중국 저장대학교 병원에서도 A씨는 중성이라는 판단을 받았다. 이 대학 내분비내과 전문의 동펑친 박사는 "염색체 검사 결과, 해당 여성의 핵형은 '46, XY'로 나타났다. 이는 전형적인 남성의 핵형으로 성별이 분명하지 않음을 의미한다"며 "외부 성기만 놓고 보면 여성이지만 자궁과 난소는 없이 태어났다"고 설명했다. 이어 "숨겨진 고환이 있나 찾아봤는데 없었다. 아마 나이가 들면서 퇴화했을 것"이라고 했다." (조선일보 2021.03.17.)

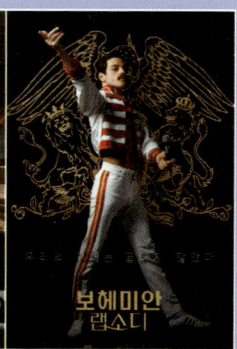

Chapter 6
정밀의료와 공중보건 유전체

Story_ 31

조발성 알츠하이머병
영화 〈스틸 엘리스〉

세 아이의 엄마, 사랑스러운 아내, 존경받는 교수로서 행복한 삶을 살던 '앨리스(줄리안 무어)'. 어느 날 자신이 희귀성 알츠하이머에 걸렸다는 사실을 알게 된다.

(네이버 영화정보)

<스틸 엘리스>는 알츠하이머 치매 환자의 삶을 그린 영화다. 줄리안 무어는 이 영화로 아카데미 여우주연상을 받았다. 그런데 영화를 보면 우리가 상식적으로 알고 있는 치매와 너무 달라서 당황한다. 즉, 치매에 걸린 주인공이 너무 젊다.

알츠하이머병(Alzheimer disease, AD)은 치매의 가장 흔한 원인이고 전체 치매 발생 원인의 절반을 차지한다. 알츠하이머병은 발병 연령 65세를 기준으로 조발성(early onset) 알츠하이머와 후기발병(late onset) 알츠하이머로 구분하며 그 유전적인 원인도 다른 것으로 알려져 있다.

이 영화는 그중 상대적으로 드문 조발성 알츠하이머 환자 사례를 다루었다. 조발성 알츠하이머는 65세 이전의 젊은 나이에 발병하고 유전성이 강한 알츠하이머 치매로 매우 드물다.

사진설명
❶ 조발성 알츠하이머의 증상을 이야기하는 영화 대사
❷ 조발성 알츠하이머 진단받고 프레세닐린 유전자 검사 제안받는 장면

신경과 의사와 상담하는 장면에서 의사가 검사 결과를 설명한다.

"여기 확실히 보여요. 붉은 부분이 베타 아밀로이드가 과한 거죠. 지난 몇 년간 진행된 거예요. 유감입니다."

"그래도 유전자 검사를 해 봐야 알죠?"

"안 그래도 권할 참이었어요."

"증상이 일찍 나타난 만큼 프레세닐린 유전자를 검사해서 가족성 질병인지 알아봐야 합니다. 아주 드문 경우지만요. 유전학 전문가와 상담 예약을 해드릴게요."

"우리 애들이 걸릴 수 있다고요?"

"네"

"제가 그 유전자를 가졌다면 애들이 물려받을 확률이 50대 50인가요?"

"그렇습니다."

"그 유전자를 가졌을 때 질병이 발병할 확률은요?"

"안타깝지만 100%예요."

조기발병 알츠하이머의 주된 관련 유전자는 아밀로이드 전구단백질(APP) 유전자와 프리세닐린(presenilin) (PSEN-1과 PSEN-2) 유전자이다. APP 유전자는 21번 염색체에 있고, 다운증후군 환자들이

사진설명
❸ 자녀들에게 조발성 알츠하이머 발병을 설명하는 장면

치매가 많은 것과 관련 있다. 이 영화에서는 프리세닐린(presenilin) 유전자가 원인인 환자 사례로 설명하고 있다.

후기발병 알츠하이머와 관련된 유전자로 대표적인 것은 19번 염색체에 있는 아포지방단백 E (apolipoprotein E, APOE) 유전자이다.

알츠하이머 관련 유전자(출처: 노인보건학 2판)

알츠하이머 관련 유전자	기능 및 관련성
APP (amyloid precursor protein)	아밀로이드 단백질과 관련성
PSEN1(presenilin1)	아밀로이드 단백질과 관련성
PSEN2(presenilin2)	아밀로이드 단백질과 관련성
APOE (apolipoprotein E)	지질단백질 대사

한편 영화에서 "그 유전자를 가졌을 때 질병이 발병할 확률은요?", "안타깝지만 100%예요."라는 대사가 있다. 어떤 유전자를 가졌을 때 관련 질병이 발병할 확률을 유전학에서는 침투율(penetrance)이라 한다. 유전 질병마다 침투율은 다양하다. 영화에서 프리세닐린 유전자 돌연변이의 알츠하이머 발병 침투율은 100%라고 의사가 말한다. 즉, 프리세닐린 돌연변이가 있으면 100% 알츠하이머병에 걸린다는 의미이다. 망막에 발생하는 소아암인 망막모세포종을 일으키는 RB1 유전자 돌연변이의 침투율은 90%로 알려져 있다.

Story_ 32

후기발병 알츠하이머병
영화 <더 파더>

나(안소니 홉킨스)는 런던에서 평화롭게 삶을 보내고 있었다. 무료한 일상 속 나를 찾아오는 건 딸 '앤' 뿐이다. 그런데 앤이 갑작스럽게 런던을 떠난다고 말한다. 그 순간부터 앤이 내 딸이 아닌 것처럼 느껴졌다. 잠깐, 앤이 내 딸이 맞기는 한 걸까? 기억이 뒤섞여 갈수록 지금 이 현실과 사랑하는 딸, 그리고 나 자신까지 모든 것이 점점 더 의심스러워진다.

(네이버 영화소개)

영화 <더 파더>에서 안소니 홉킨스가 딸과 함께 의사를 방문하여 진료받는 장면이 있다. 의사의 "생일이 언제세요?" 질문에 홉킨스는 "1937년 12월 31일"이라고 답한다. 이는 영국 출신 영화배우 안소니 홉킨스의 실제 생년월일이다. 그는 2021년 84세의 나이로 아카데미 남우주연상을 받았다. 역대 최고령 남우주연상 수상이다.

후기발병 알츠하이머는 비교적 관련 유전자가 잘 알려져 있다. 관련된 유전자로 대표적인 것이 19번 염색체에 있는 아포지방단백 E (apolipoprotein E, APOE) 유전자이다.

APOE 유전자는 3가지 주요 대립유전자(ε2, ε3, ε4)로 분류된다. 이 중 APOE 에타4(ε4) (rs429358) 대립유전자가 알츠하이머병의 위험과 큰 관련성이 있다.

일반 인구집단에서 80세 이전까지 알츠하이머 발병확률은 약 10%이다. ε4 대립유전자를 가진 집단에서는 85세를 기준으로 40%에서 60%까지의 발병률이 보고되었다. 구체적으로는 상동염색체 한쪽에 에타4 대립유전자를 가진 사람(에타4 대립유전자 이형접합자)은 알츠하이머병의 위험도가 에타4가 하나도 없는 사람에 비하여 2~3배 정도 증가한다. 상동염색체 양쪽 모두 에타 4 대립유전자를 가진 사

사진설명
❶ 홉킨스가 병원에서 진료받는 장면

람(ε4/ε4 동형접합자)은 그 위험도가 8배 정도 증가한다. (톰슨&톰슨 의학 유전학8판. 범문사, 프랜시스 콜린스. 생명의 언어)

2020년 5월에는 "치매 관련 유전자 변이, '중증 코로나19' 위험 2배 이상 높여"의 뉴스 보도가 있었다.

"영국 엑서터대 의대와 미국 코네티컷대 의대 공동연구팀은 26일 의학저널 '노인학·의학 저널'(Journal of Gerontology, Medical Sciences)에서 영국 바이오뱅크(UK Biobank)에 수록된 수십만 명의 건강·유전자 데이터를 분석, APOE 유전자 변이(APOE e4e4)를 2개 가진 사람은 중증 코로나19 위험이 특히 크다는 사실을 확인했다고 밝혔다.

연구팀의 분석 결과 APOE 유전자 중 APOE e4e4 변이가 있는 사람들은 일반적인 형태인 APOE e3e3 유전자를 가진 사람들보다 중증 코로나19 위험이 2배 높은 것으로 나타났다." (연합뉴스 2020.05.26)

알츠하이머, APOE 유전자, 그리고 윤리적 문제

미국의 알츠하이머를 비롯한 퇴행성 질환의 전문가인 데일 브레드슨은 그의 책 「알츠하이머의 종말」에서 다음과 같이 말했다.

"미국인 중 4분의 1에 해당하는 7500만 명이 APOE ε4 형질을 가지고 있는데, 이들이 알츠하이머에 걸릴 확률은 약 30%다. APOE ε4를 한 쌍 가지고 있을 때는 확률이 50%로 높아진다. 부모 양쪽에게 APOE ε4를 받으면, 염증으로 인한 알츠하이머에 걸릴 확률이 높다는 뜻이다."

"APOE ε4를 한 쌍 가진 사람들은 주로 40대 말이나 50대에 알츠하이머가 시작된다. APOE ε4 형질을 하나만 가진 사람은 50대 말이나 60대에 병이 시작되는 경우가 많다. APOE ε4가 없는 사람은 60대나 70대에 알츠하이머가 시작되는 경우가 많다."

여러분은 APOE 유전자가 알츠하이머와 관련이 있다는 위의 사실을 알고 APOE 유전자 검사를 받고 싶은가? 실제로 미국의 23&Me 같은 유전자 검사업체에서 검사하면 아래 그림 예시와 같은 결과를 제공한다(그림 30). 그동안 의학유전학에서는 APOE 유전자 검사를 권장하지 않았다. 유전자 결과를 통해서 치매의 위험이 크다는 사실을 알아도 치료나 예방법이 없기 때문이다.

그러나 최근에 운동이 치매 예방에 도움이 된다는 여러 연구가 있다. 2008년의 한 연구에 의하면 APOE 에타4 변이가 있으면서 운동하지 않거나, 흡연, 음주하면 알츠하이머병의 위험이 더 크다고 보고했다. 다르게 이야기하면 APOE 변이가 있어도 운동을 하거나, 음주 및 흡연을 하지 않으면 어느 정도 예방 효과가 있음을 시사하는 연구 결과다(J Cell Mol Med, 2008). 2019년 7월의 보도에서는 '치매 유전자 억제하는 건강습관'… 英대학, 19만명 8년 추적 조사라는 제목으로 다음과 같이 보도했다.

Lifetime risk		Likelihood ratios		Odds ratios

The lifetime risk estimates shown below represent the proportion of people expected to develop Alzheimer's disease by age 65, 75, and 85. These values are based on people of European descent. Lifetime risk estimates are not available for people of other ethnicities.

Genotype	Sex	Age 65	Age 75	Age 85
General population	Male	<1%	3%	11%
General population	Female	<1%	3%	14%
No ε4 variants	Male	<1%	1-2%	5-8%
No ε4 variants	Female	<1%	1-2%	6-10%

23andMe

그림 30. 알츠하이머 유전자 검사 결과 예시(출처: 23andMe)

"영국 엑시터대 의대의 데이비드 르웰린 박사 연구진은 14일(현지 시각) 국제학술지 '미국의학협회저널(JAMA)'에 "유전적으로 치매에 걸릴 위험이 높은 사람들이라도 건강한 생활습관을 유지하면 그렇지 못한 사람보다 치매 발병 위험이 32% 감소한다"고 발표했다." (조선일보, 2019.07.16.)

미국의 알츠하이머 전문가인 데일 브레드슨은 그의 책 「알츠하이머의 종말」에서 다음과 같이 말했다.

"영양, 운동, 호르몬 최적화, 수면 최적화, 스트레스 경감 등의 생활습관 개선을 통해서 어느 정도 알츠하이머를 치료 및 예방할 수 있다."

또한, 그의 책에서 브레드슨은 운동에 대한 다음과 같은 조언을 한다.

"인지기능에 좋은 운동은 조깅, 걷기, 스피닝, 댄스와 같은 유산소 운동과 근력 운동을 병행해야 한다. 일주일에 최소 세 번, 하루에 한 시간 정도가 좋다."

또한, 수면 최적화를 위해서는 다음의 조언을 한다.

"방은 가능한 한 어둡게 한다.

가능하면 자정 이전에 잠자리에 든다.

잠자기 직전에는 운동을 피한다. 운동은 아드레날린 분비를 늘려서 수면을 방해한다.

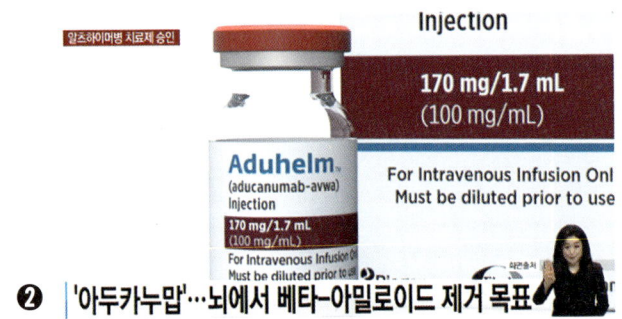

❷ '아두카누맙'…뇌에서 베타-아밀로이드 제거 목표

오후 늦게부터는 카페인과 같은 자극제를 섭취하지 않는다.

저녁때 과식을 피한다.

적당한 양의 수분을 섭취한다." (알츠하이의 종말)

내 경우에는 저녁때 과식을 하거나 야식을 하는 것이 수면을 많이 방해하는 것 같다.

또한 '아두카누맙'이라는 신약이 미국 식약처(FDA)에서 승인받았다. 2021년 6월 뉴스 보도로는 이 약은 알츠하이머 치매의 주된 기전인 뇌에 베타 아밀로이드 단백질이 쌓인 것을 제거하는 데 효과가 있어서 승인받은 것으로 소개했다. 그러나 일부 효능 논란으로 가벼운 기억력 문제 등을 겪는 경증 환자에게만 투여하는 것으로 최근 FDA 지침이 바뀌기도 했다. (한국일보. 2021.07.09.)

이제 APOE 유전자 검사가 치매 예방 및 치료에 활용될 날도 멀지 않은 것 같다.

사진설명
❷ FDA, 알츠하이머병 치료제 승인...효능 논란(YTN 2021.06.08.)

Story_ **33**

동성애와 유전자
영화 〈보헤미안 랩소디〉

공항에서 수하물 노동자로 일하며 음악의 꿈을 키우던 이민자 출신의 아웃사이더 '파록버사라' 보컬을 구하던 로컬 밴드에 들어가게 되면서 '프레디 머큐리'라는 이름으로 밴드 '퀸'을 이끌게 된다. 시대를 앞서가는 독창적인 음악과 화려한 퍼포먼스로 관중들을 사로잡으며 성장하던 '퀸'은 라디오와 방송에서 외면받을 것이라는 음반사의 반대에도 불구하고 무려 6분 동안 이어지는 실험적인 곡 '보헤미안 랩소디'로 대성공을 거두며 월드 스타 반열에 오른다. 그러나 독보적인 존재감을 뿜어내던 '프레디 머큐리'는 솔로 데뷔라는 유혹에 흔들리게 되고 결국 오랜 시간 함께 해왔던 멤버들과 결별을 선언하게 되는데… 세상에서 소외된 아웃사이더에서 전설의 록밴드 '퀸'이 되기까지, 우리가 몰랐던 그들의 진짜 이야기가 시작된다!

(네이버 영화정보)

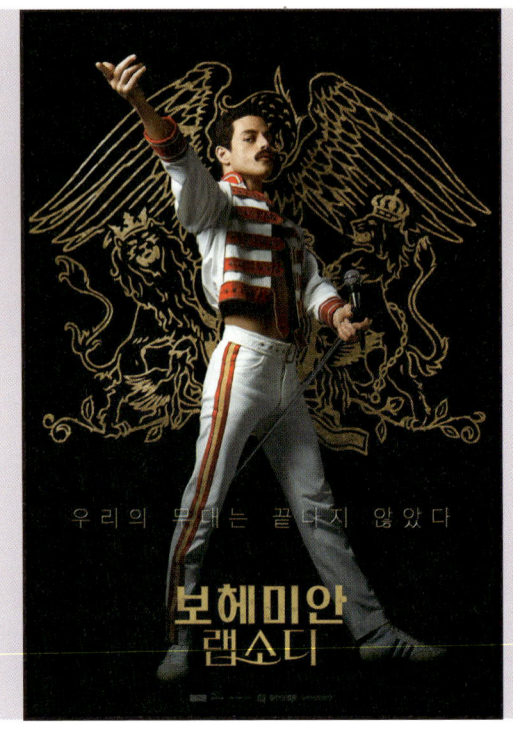

2018년 10월에 국내 개봉한 <보헤미안 랩소디>. 프레디 머큐리 (1946~1991)라는 음악 천재의 삶을 보고 그의 음악을 들을 수 있다. 영화의 여운이 깊게 남아 영화를 본 이후에도 그의 공연 실황 영상을 반복해서 보았다.

 영화에서 프레디가 'Love of my life' 곡을 피아노 연주하면서 노래 부르는 모습을 매니저 폴이 바라보는 장면이 있다.

 분위기가 묘해지더니, 폴이 갑자기 프레디에게 기습 키스를 한다.

 영화에서는 매니저 폴의 유혹으로 프레디가 동성애에 빠지는 것으로 그려진다. 프레디는 여자 친구가 있으니 양성애자인 것 같다.

 나의 미국 존스홉킨스(Johns Hopkins) 대학 유학 시절(2005년 ~2008년) 일화를 얘기하겠다. 존스홉킨스 보건대학원은 세계 최고의 보건대학원으로 건물이 매우 크다(US News & world report 2007).

 존스홉킨스 보건대학원은 '주출입구'와 '부출입구' 2개의 출입구가 있다. 나는 리드홀(Reed Hall)이라는 존스홉킨스병원 기숙사에 살아서 '부출입구'를 주로 이용했다. 각 출입구는 보안 요원들이 교직원과 학생들의 신분증을 확인한다. 대체로 보안 요원들은 무뚝뚝하고 때로

사진설명
❶ 매니저 폴이 프레디를 바라보는 장면

는 살벌하게 느껴진다. 존스홉킨스병원이 위치한 볼티모어시는 범죄율이 매우 높고, 병원 근처에 볼티모어 할렘가가 가깝기 때문이다. 그런데 '부출입구'의 보안 요원 'P'는 유독 내게 친절했다. 그는 중년의 미국 흑인(African American) 남성이었다.

내가 지나가면 반갑게 웃으면서, 내 이름을 불러주었다. 그리고 이런 말들을 했다.

"안녕 Jae, 너 오늘 좋아 보인다."

"Jae, 너 오늘 옷이 잘 어울린다."

한 번은 이런 말도 했다.

"Jae, 너는 아시아 남자 중에서 아주 잘 생겼어."

30대 초반 나이의 외로운 유학생인 내게 친절하게 말을 걸어주니 기분이 나쁘지 않았다. '참 친절한 성격의 친구구나'라고 생각했었다. 특히 영어가 서툰 내게 말을 걸어주니, 영어 연습을 할 마음에 가끔 몇마디 대화를 나누기도 했다.

한 번은 건물로 들어가는데 출입구 앞에 'P'가 나와서 잠시 쉬고 있었다. 지나가는 나를 불렀다. 그리고 이런 말을 했다.

"Jae, 사실 나는 동성애자(Gay)야."

"언제 나와 밖에 나가서 맥주 한잔할까?"

나는 당황했지만 바로 단호하게 답을 했다.

"나는 여자를 좋아한다. 미안하다."

그리고 건물로 들어갔다. 그날 이후로는 나는 약간 돌아가더라도 '주출입구'를 이용했다. 한참 후 'P'를 다시 봤을 때, 실망한 얼굴이었으나 여전히 내게 반갑게 인사했다.

동성애와 에이즈

프레디 머큐리는 1980년대 후반에 에이즈 진단을 받는다. 그는 짧은 삶을 예견이라도 한 걸까? HIV 감염 진단 장면에서 프레디가 불렀던

'Who wants to live forever 누가 영원히 살기 원합니까?'의 노래가 애절하게 흘러나온다. 이 노래는 HIV 진단 당시 프레디의 쓸쓸한 감정을 영화에서 잘 표현한다. 프레디 삶의 마지막은 후천성면역결핍증(에이즈)으로 인한 폐렴이다. 그는 이 질환을 계속 부인하다 1991년 11월 공식 인정했고, 그다음 날 만 45세의 젊은 나이에 숨을 거뒀다.

2021년 6월 미국에서는 에이즈 최초 발병 40주년을 기념하는 행사가 있었다.

미국 질병통제센터(CDC)는 1981년 6월 5일 매주 발행하는 공중보건공보에 특이한 발병 사례를 보고했다.

캘리포니아주 로스앤젤레스 지역의 젊은 동성애 남성 5명이 '폐포자충폐렴'(PCP)라는 특이한 폐 질환을 진단받았고, 이 중 2명은 이미 사망했다는 내용이었다. '에이즈(AIDS)'로 불리는 바이러스성 질병인 '후천성면역결핍증'의 발병 사례가 병리학적으로 세계에 처음 보고된 순간이었다. (경향신문. 2021.06.06.)

에이즈의 감염 경로에 대해서 존스토트는 그의 책 「동성애 논쟁」에서 이렇게 얘기했다.

"에이즈는 쉽게 감염되는 질병이 아니다. 이 바이러스는 체액을 통해서만 감염되며, 특히 정액과 혈액을 통해 감염된다. 가장 흔하게

사진설명
❷ 프레디가 의사에게 HIV(에이즈) 진단 사실을 듣는 장면

감염되는 경로는 이미 감염된 사람과 성관계하거나, 감염된 피를 수혈하거나, 소독하지 않은 주삿바늘을 사용하는 경우다. 그리고 임신부가 HIV에 감염되었을 때 태아도 감염될 위험이 크다. 에이즈가 '게이들의 전염병'으로 오해되는 이유는, 미국 동성애 집단에서 처음 발병한 탓이다. 그러나 이 바이러스는 동성애 성관계뿐 아니라 이성애 관계에서도 감염이 된다. 이 질병을 가장 빠르게 확산시키는 것은 문란한 성행위다."

2020년 7월에 연합뉴스에서는 '동성 간 성접촉 통한 국내 HIV 감염 53.8%…이성간 첫 추월'이란 제목으로 다음과 같이 보도했다.

"국내에서도 동성 간 성접촉 때문에 인체면역결핍바이러스(HIV)나 후천성면역결핍증후군(AIDS·에이즈)에 걸리는 경우가 점점 증가하고 있다. 질병관리본부에 따르면 2019년 보건당국에 새로 신고된 HIV 감염인과 에이즈 환자는 총 1천222명(내국인 1천5명, 외국인 217명)이었다. 나이별로는 20대 438명(35.8%), 30대 341명(27.9%), 40대 202명(16.5%), 50대 129명(10.6%) 순으로, 20·30대가 전 연령대의 63.7%를 차지했다." (연합뉴스 2020.07.14.)

우리나라 질병관리청 발표에 의하면 2019년에 신규 HIV 감염자 1,005명 중 감염 경로가 동성 성접촉이 가장 많아서 442명(44.0%), 이성 성접촉이 379명(37.7%), 마약 주사 공동사용이 2명(0.2%), 무응답이 182명(18.1%) 이었다. 또한, 감염자 1,005명 중 남성이 952명(94.7%), 여성이 53명(5.3%)이었다.

영화의 마지막 장면은 퀸의 라이브 에이드(Live AID) 공연 실황이다. 영화의 여운이 길게 남아 집에서 텔레비전으로 퀸의 캐나다 몬트리올 콘서트 실황을 반복해서 보았다. 함께 시청하던 어린 아들, 딸은 퀸의 노래를 따라 부르고 춤을 추기도 했다.

우리나라 2019년 HIV 감염 내국인 성별 감염 경로 현황
(출처: 질병관리청,「HIV/AIDS신고현황」)

성별	감염경로별	2019년 HIV 신규 감염자수 (%)
전체		1,005 (100.0)
	성접촉 감염	821 (81.7)
	이성 성접촉 감염	379 (37.7)
	동성 성접촉 감염	442 (44.0)
	마약주사공동사용	2 (0.2)
	무응답	182 (18.1)
남자		952 (94.7)
여자		53 (5.3)

동성애와 유전자

한 언론 보도에서 최준석 작가는 "동성애자는 자신의 유전자를 다음 세대에 전달하지 못한다. 동성애 유전자가 있더라도 시간이 지나면 인간 사회에서 사라진다."고 말했다. (아주경제, 2021년.06.22.)

이는 유전학 연구자 측면에서 보면 맞는 말이다. 유전이란 것은 정자와 난자를 통해서 다음 세대에 전달되어야 하는데, 동성애자는 출산을 못 하므로 동성애 유전자가 있다고 가정하더라도 그것은 유전

사진설명
❸ 라이브 에이드(Live AID) 공연 장면

되지 않는다.

동성애 관련 토론을 하면 "동성애는 100% 선천적이다"고 주장하는 사람이 있다. 반면 "동성애는 전혀 선천적이지 않고 100% 후천적이다."라고 주장하기도 한다. 이 상반된 주장 중 누구 말이 맞을까?

2019년에 <사이언스>지에 동성애 유전자에 대한 전장 유전체 관련성 연구(GWAS)가 발표되었다. Ganna 등의 논문 내용은 다음과 같다.

"동성애의 원인은 다인자 적이다. 즉, 동성애를 일으키는 단 하나의 결정적인 유전자, 소위 '게이 유전자'는 없다. 동성애에 약간의 영향을 주는 여러 유전자와 환경(사회문화적 요인 및 생활습관 등)이 복합적으로 원인이 된다. 동성애 성행동과 관련 있는 5개의 유전자 변이를 확인했다. 그중 15번 염색체에 있는 유전자는 남성의 대머리와 관련이 있다. 11번 염색체에 있는 유전자는 후각과 관련된 것이다. 그러나 이런 관련 유전자들의 효과는 매우 작아서 교차비(odds ratio)가 1.1 이하이다."

교차비 1.1이라는 것은 유전적 변이가 있는 사람들이 유전자 변이가 없는 사람보다 동성애 위험이 1.1배 높다는 것으로 결과에 미치는 영향(effect size)이 크지 않다는 의미다.

논문 저자들은 GWAS 결과로 확인된 유전적 변이를 통합한 다유전자점수(polygenic score)를 만들어서 동성애 행동의 영향을 추정했다. "다유전점수는 동성애 행동의 1%만을 설명했다. 즉 유전점수로는 개인의 동성애 여부를 전혀 예측할 수 없다. 또한, GWAS에 포함된 모든 유전자 변이를 합쳐도 동성애 행동의 8~25%만을 설명한다."고 했다.

한편 Ganna 등은 동성애와 유전적 상관성(genetic correlation)이 높은 것으로 많은 성 상대자 수, 우울증, 대마초 사용 등이 있음을 보고했다. 이 논문이 동성애 유전자 논문으로 현재까지 가장 신뢰할 만한 결과지만 연구의 제한점도 있다. 연구자들은 "동성애의 정의를 '동성애 성관계 경험 여부'로만 정의했고, 성전환자, 간성(intersex) 등에 관한 연구는 진행하지 못했다"라는 것을 제한점으로 밝히고 있다.

이 논문에서 특히 주목할 부분은 서구 사회에서 대상자의 출생연도에 따른 동성 성행동(same-sex sexual behavior)을 보고한 사람들의 분율(%)을 보여준 그림이다(그림 31). 여기서 동성 성행동은 동성 성관계 경험 여부로 정의했다. 동성 성관계 경험이 나이가 어릴수록 증가함을 보여준 것이다. 즉, 1950년생 남성의 동성 성관계 경험은 4% 정도이고, 1960년생 남성의 동성 성관계 경험은 6% 정도, 1970년생 남성의 동성 성관계 경험은 8% 가까이 된다는 것이다. 이를 통해서 논문 저자들이 "동성애는 사회문화적(sociocultural) 영향이 크다는 것을 시사한다"라고 강조했다. 논문 저자들은 "추후 연구로서 유전요인과 사회문화적 요인의 상호작용 연구가 필요함"을 강조했다. 즉, 동성애에 대한 유전-환경 상호작용(gene environment interaction)의 가능성을 시사한 것이다.

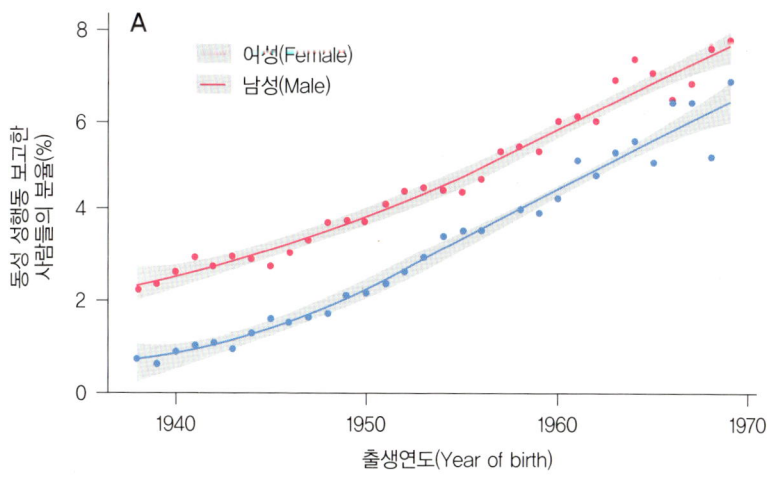

그림 31. 출생 연도별 동성애 분포
(출처: Ganna et al, 2019)

유전-환경 상호작용을 부연 설명하면 이렇다. 유전(G)의 영향은 크기가 적고, 환경(E)(사회문화적 요인 및 생활습관 포함)이 일정 부분 원인일 경우에, 유전자(G) + 환경(E)을 동시에 가지고 있는 사람들이 어떤 표현형 또는 특징의 위험이 훨씬 더 많이 증가할 때, 우리는 유전-환경 상호작용(G×E)이 있다고 한다.

이 '출생 연도별 동성애 분포' 그림은 아직 서구보다 동성애자가 많지 않은 우리나라 사회에 시사하는 바가 크다. 동성애 문제에 있어서는 서구 사회가 뭔가 잘못된 방향으로 가고 있다고 생각하게 된다(그림 31).

일부 지식인들은 '동성애는 정신질환이 아니다'라고 하면서 '치료나 예방의 대상이 아니다'라고 강조한다. 그러나 동성애는 '보건학적으로 바람직한가?'라는 질문에는 어떻게 답할 것인가? 연세의대 정신과 민성길 명예교수는 한 언론사 기고문에서 동성애의 의학적 문제를 다음 3가지로 설명했다.

"첫째, 동성애자는 이성과 결혼을 못 하므로 결과적으로 불임이 된다.

둘째, 남성 동성애자들에게 이성애자들보다 각종 성병, 에이즈, 간염, 이질 같은 소화기계 장애, 항문 손상 같은 신체적 합병증이 많이 발생한다.

셋째, 동성애자들은 이성애자들보다 우울증, 불안장애, 약물 남용, 자살 등 정신건강 문제가 더 흔하다." (펜앤드마이크 2021.03.30.)

15년 전 미국에서 잠시 살 때 미국 사회의 참 이해하기 어려운 것이 총기 문제였다. 내가 살았던 볼티모어시 존스홉킨스병원 기숙사에서는 밤에 총소리가 자주 들렸다. 기숙사 방 창가에 서 있다가 총소리에 놀라서 몸을 피하기도 했다.

미국 같은 선진국이 총기 사용을 허용하니, 우리나라도 미국처럼 총기 사용을 허용하자고 말한다면 어떤가? 누구도 동의하지 않을 것이다. 우리는 이해하기 어렵지만, 미국 사회만의 총기에 대한 역사적 배경이 있을 것이다. 동성애 이슈도 서구의 제도를 무조건 따르는 것은 좋지 않다. 그들의 역사적 배경과 부작용 등을 꼼꼼히 따져 보고 도입 여부를 검토하는 것이 옳다.

제주의대 예방의학교실 배종면 교수와 인터뷰를 한 기자는 다음과 같이 말했다.

"배교수는 남성 동성애의 에이즈 위험성을 알리는 것은 공중보건학 차원에서 필요하다고 강조했다. 흡연자에게 폐암의 위험을 강조하는 것과 같은 시각에서 바라봐야 한다는 것이다. 특히 15~24세 젊은 남성들에게 동성애의 에이즈 감염 위험성을 알려야 한다고 말했다. 최근 HIV 감염자가 10대, 20대 젊은 층에서 가파르게 증가할 조짐이 있기 때문이다. 남성 동성애는 특유의 항문 성교로 인해 성기 점막의 상처를 통해 스며든 혈액으로 쉽게 에이즈에 걸린다. 남성 동성애자를 위해서라도 무방비 상태의 항문 성교가 HIV 감염 위험이 크다는 의학적 진실은 제대로 알려져야 하지 않을까 싶다." (비온뒤 2016.07.12.)

공중보건학적인 정책 결정은 정치적인 유불리에 따라서 정해져서는 곤란하다. '자라나는 보석 같은 자녀들의 미래에 도움이 되는 방향이 무엇인가?'가 판단의 기준이 되어야 할 것이다. 또한, 목소리 큰 사람에게 떡 하나 더 주는 방식도 곤란하다. 객관적이고 과학적인 사실에 기초한 결정이어야 한다.

1998년 10월, 와이오밍대 정치학과 학생이고 '게이'였던 매튜 웨인 셰퍼드(21)가 구타당한 상태로 라라미시 외곽의 한 울타리에 묶인 채 발견되었다. 그는 동성애 혐오자인 두 남성에게 폭행당해 심각한 부상을 입었으며 수술을 받은 지 닷새 만에 숨지고 말았다. (한국일보. 2016.06.20.)

2021년 6월에 우리나라에서 '군 입대 동기 모텔서 성폭행한 20대 구속'이라는 제목의 안타까운 뉴스가 보도되었다.

"전역 후 만난 입대 동기를 성폭행한 20대 남성이 경찰에 구속됐습니다. 20대 남성 A 씨는 지난 20일 입대 동기인 남성 B 씨와 전역 후 처음 만나 함께 술을 마신 뒤 모텔에서 성폭행한 혐의를 받습니다. B 씨는 모텔 실외기실에 몸을 숨긴 뒤 가족에게 문자 메시지를 보내 "성폭행당했다"며 신고를 요청했고, 3층으로 뛰어내리려다 미끄러져 1층 바닥으로 떨어졌습니다. 머리를 심하게 다친 B 씨는 병원으로 옮겨졌지만 지난 24일 결국 숨졌습니다." (YTN 뉴스 2021.06.28.)

동성애자들에 대한 혐오와 차별은 없어야 한다. 모두를 사랑으로 대하여야 한다. 존스토트는 그의 책 「존스토트의 동성애 논쟁」에서 다음과 같이 얘기했다.

"우리는 남성과 여성을 차별하지 않도록 조심해야 하며, 동성애 범죄와 이성애 범죄도 차별하지 않도록 조심해야 한다."

전 세계 단 2명의 HIV 완치 남성

전 세계에 3700만 명에 달하는 인간면역결핍바이러스(HIV)에 감염된 환자가 있는 것으로 알려져 있다. 동아의대 병리학교실 김대철 교수는 한 언론 칼럼에서 다음과 같이 말했다.

"HIV는 면역세포 중 하나인 T세포를 서서히 오랜 기간에 걸쳐 파괴해 면역반응을 붕괴시키며 에이즈로 발전한다. 에이즈 치료는 상당 기간 더딘 발전속도를 유지하다 1995년에야 전환기를 맞는다. 고강도 항바이러스요법(HARRT, 칵테일 요법)이라는 치료법은 HIV에서 에이즈로 진행을 늦추고 생존 기간 연장에 놀라운 성과를 냈다. 에이즈가 감염 시 생존율이 희박한 질환에서, 고혈압·당뇨병처럼 평생 관리하며 지낼 수 있는 만성 질환으로 전환되는 순간이었다."

(데일리팜, 2018.12.13.)

그러나 아직 HIV 완치 약은 없다. 2019년 3월에 'HIV 저항성 조혈모세포' 이식으로 혈액암·에이즈 동시 치료 제목의 뉴스 보도가 있었다.

"첫 사례는 지난 2007년 독일 베를린에서 급성 백혈병 치료를 위해 조혈모세포 이식받은 미국인 남성 티머시 레이 브라운. 두 번째 사례는 2012년 호지킨림프종에 걸린 에이즈 환자인 영국인 남성으로 2016년에 에이즈를 일으키는 인간면역결핍바이러스(HIV)에 저항성을 가진 사람의 조혈모세포를 이식받았다.

HIV는 면역기능을 하는 백혈구 표면의 수용체(CCR5)와 결합해 백혈구를 공격한다. 하지만 유럽계 백인 100명 중 1명은 CCR5 유전자의 2개 부위가 돌연변이로 결실(CCR5Δ32/Δ32)돼 HIV에 감염되지 않는다. 이런 돌연변이를 가진 기증자의 조혈모세포를 이식받은 환자는 혈액에서 HIV가 검출되지 않아 16개월 후 에이즈약 복용을 중단했다. 이후 18개월이 넘도록 그 상태가 유지되고 있다.

이 내용은 2019년 3월 국제학술지 '네이처'에 실린 논문의 결과다. 그러나 이런 종류의 치료법은 암을 동반하지 않아 골수이식을 받을 필요가 없는 대부분의 에이즈 환자에게는 적합하지 않을 수 있다."

(서울경제, 2019.03.06.)

Story 34

체외수정과 백혈병
영화 〈마이 시스터즈 키퍼〉

'안나'(아비게일 브레슬린)는 언니 '케이트'(소피아 바실리바)의 병을 치료할 목적으로 태어난 맞춤형 아기이다. 두 살에 케이트는 백혈병 진단을 받았다. 유전 공학으로 아이를 갖는다는 건 어떤 이들에겐 윤리적으로 있을 수 없는 일이지만 우리 부부에게 선택의 여지란 없었다. 그렇게 태어난 안나가 우릴 고소했다.

(네이버 영화정보)

영화 <마이시스터즈 키퍼>에서 케이트의 질병 치료를 위해서 의사가 착상 전 진단과 체외수정으로 골수이식에 적합한 맞춤형 아기 출산을 제안한다. 영화에서 의사도 윤리적인 문제를 인정한다. 체외수정은 영화에서 부정적으로 나오지만, 많은 불임 부부에게는 희망을 준 기술이다. 영국의 로버트 에드워즈(1925~2013)는 1978년에 최초의 시험관 아기를 탄생시켰다. 그가 개발한 체외수정 기술 덕에 전 세계 10% 이상의 불임 부부가 아이를 얻게 되었다. 그는 이 공로로 2010년에 노벨생리의학상을 받았다.

세계적인 유전학자이자 의사인 프랜시스 콜린스는 그의 저서 「생명의 언어」에서 영화 <마이 시스터즈 키퍼>와 비슷한 체외수정 임상 경험을 다음과 같이 소개했다.

"착상 전 유전 진단(pre-implantation genetic diagnosis, PGD)은 적절한 호르몬 자극을 통해서 복수의 난자를 미래의 엄마에게서 외과적으로 채취하는 실험실 능력에 기초한다. 착상 전 유전 진단은 매우 심각한 질병을 예방하려는 욕구에서 시작되었다.

착상 전 유전 진단에서 논란이 되는 경우는 부모에게 골수이식이 필요한 심각한 질병이 있는 아이가 있을 때이다. 리사와 잭 내쉬의 첫

사진설명
❶ 케이트 가족이 체외수정과 착상 전 진단으로 맞춤형 아기 출산을 제안받는 장면

아이 '몰리'는 판코니빈혈증이라는 열성 유전 질병에 걸렸다. 유전 전문가 상담으로 리사 부부는 판코니빈혈증이 없고 몰리의 골수이식에 적합성을 보일만한 배아를 동시에 선택할 수 있다는 이야기를 들었다. 체외수정을 통해 임신이 되었고 아담 내쉬가 태어났다. 새 아이에게서 도출된 줄기세포는 그의 여섯 살 난 누나의 골수이식 원천 세포가 되었다. 최근까지 두 아이 모두 건강하게 잘 있었다."

백혈병과 유전체

영화에서 케이트는 백혈병 환자다. 백혈병의 종류가 많지만, 영화에서는 구체적으로 설명하지 않았다. 백혈병 중 비교적 흔한 만성골수백혈병의 원인인 상호전좌에 의한 필라델피아 염색체에 대해서 알아보자(그림 32).

다른 염색체 간에 구성 성분을 교환하는 것을 상호전좌(translocation)라 한다. 이 상호전좌로 인하여 기존에 없던 새로운 융합유전자가 만들어진다. 이것이 혈액 종양(백혈병)의 주된 원인 중 하나다. 만성골수백혈병의 경우에는 9번 염색체와 22번 염색체의 상호전좌가 일어나고, 이로 인해서 9번 염색체의 ABL 유전자와 22번 염색체의 BCR 유전자가 융합되어 새로운 유전자가 만들어진다. 이 ABL-BCR 융합유전자에서 만들어지는 단백질이 만성골수백혈병의 주된 원인으로 정상적인 백혈구 세포가 분열 조절에서 벗어나 제멋대로 자라게 한다. 이 상호전좌 염색체는 현미경 상에서 작은 22번 염색체로 관찰되고 이를 필라델피아 염색체라고 한다. 필라델피아 염색체는 처음으로 이 염색체를 파악한 연구자들이 살던 도시의 이름을 딴 것이다.

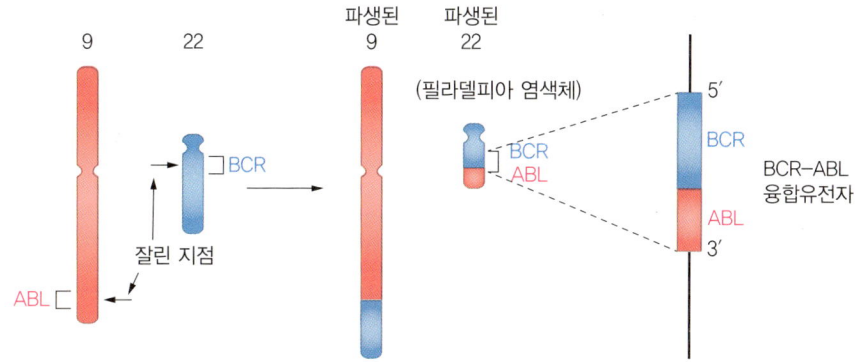

그림 32. 상호전좌에 의한 만성골수백혈병의 융합유전자
(출처: IAN D. YOUNG. 의학유전학.월드사이언스)

Story_ 35

맞춤 의료와 공중보건 유전체
영화 〈가타카〉

가까운 미래, 우주 항공 회사 가타카의 가장 우수한 인력으로 손꼽히고 있는 제롬 머로우(Vincent/Jerome: 에단 호크 분), 큰 키에 잘생긴 외모, 우주 과학에 대한 탁월한 지식과 냉철함, 그리고 완벽한 우성인자(유전법칙의 우/열성이 아닌 '우수한 유전자'를 가르킴)를 갖추고 있다. 토성 비행 일정을 일주일 남겨두고 약간은 흥분을 느끼고 있는 그의 과거는 우주 비행은 꿈도 꾸지 못할 부적격자 빈센트 프리만이었다. 부모님의 사랑으로 태어난 신의 아이 빈센트의 운명은 심장 질환에, 범죄자의 가능성을 지니고, 31살에 사망하는 것이었다. 빈센트의 운명에 좌절한 부모는 시험관 수정을 통해 완벽한 유전인자를 가진 그의 동생 안톤을 출산한다.

(네이버 영화정보)

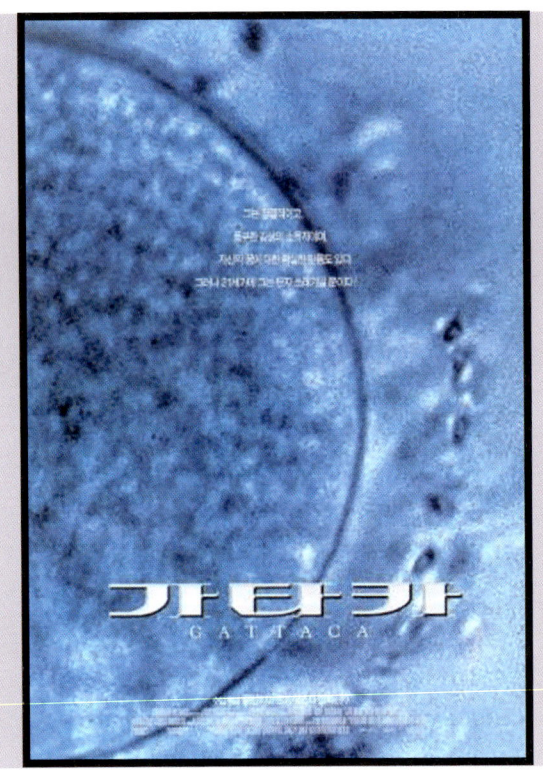

영화 <가타카>에서는 시험관 수정을 통해서 완벽한 유전체를 가진 아기를 출산하는 사회를 보여준다. 착상 전 유전 진단이란 착상 전 배아 단계에서 유전 질환을 진단해 정상적인 배아만 선택적으로 자궁 내 이식하는 방법이다. 하리하라의 「과학블로그」에서 시험관 아기에 대해 다음과 같이 설명했다.

"시험관 아기란 난자와 정자를 채취하여 체외에서 수정 및 배양시킨 후 다시 자궁 안으로 넣어 임신시키는 방법을 말합니다. 생식 세포를 몸 밖, 즉 시험관에서 수정시켜 다시 자궁으로 돌려보내 준다는 의미에서 '시험관 아기'란 말이 붙은 것이지, 시험관에서 아기를 키운다는 것이 아닙니다."

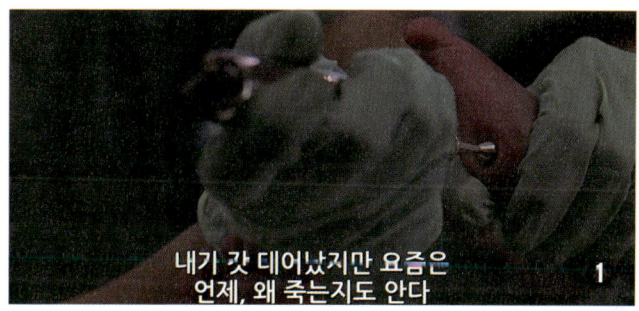

영화 <가타카>는 시험관 수정으로 맞춤형 유전체를 갖는 아기를 출산하는 사회를 부정적으로 그리고 있다. 실제로 1970년대에 겸상 적혈구 보인자에 대한 고용과 보험에 대한 차별 논란이 있었다(이안 D.영, 의학유전학).

일본에서 2001년에 페닐케톤뇨증 진단자 중에서 생명보험에 가입이 거부되었다가 2003년에 재검토를 통해서 가입이 허용된 사례가

사진설명
❶ 신생아 유전자 검사로 각종 질병의 위험과 예상 수명을 진단하는 장면

있었다(사마키 에미코, 인간유전 100가지). 그러나 저명한 유전학자 프랜시스 콜린스는 그의 책 「생명의 언어」에서 다음과 같이 얘기했다.

"많은 사람이 가타카와 같은 미래가 올 것이라는 전망에 움찔한다. 하지만 비만의 경우를 생각해보라. 비만은 유전 가능성이 대단히 크다. 체중의 60~70%는 유전자에 의해 결정된다는 최근 예측치가 있다. 만약 비만 위험도가 높은 아기를 출산했을 경우 아주 어렸을 때부터 아이의 식단을 엄격하게 조절해줄 수 있을 것이다. 다섯 살이 넘어서 이미 과체중이 되거나 과식하는 습관에 젖어버리기 전에 미리 예방할 수 있는 것이다." 즉, 유전체 연구의 발전은 가타카와 같은 미래가 아니라 질병을 예방하고 더 효과적으로 치료하는 정밀의료의 방향으로 갈 것이라고 주장한다.

맞춤 의료

정밀의료는 맞춤 의학(personalized medicine)과 비슷한 말이다. 맞춤 의학은 크게 3가지로 구분한다.

첫째, 질병 조기 예측이다. 이는 인간유전체 사업 성과의 하나다. 어린 나이에 유전자 검사를 통해서 미래의 질병 위험을 예측하는 것이 가능하다. 가령 10대 소년의 유전체 검사를 통해서 미래 40~50대의 심장병 위험이나 대장암 발병 위험 등을 예측하고, 질병을 예방하는 것이다. 또는 신생아 선별검사도 예이다. 신생아 선별검사로 페닐케톤뇨증 진단이 이루어진다. 페닐케톤뇨증은 100% 유전 질병이면서도 그 질병에 따른 결과를 100% 환경 조절로 예방 가능한 사례이다. 단백질 섭취가 극단적으로 통제된 식단으로 예방할 수 있다.

둘째, 약물 유전체학이다. 유방암 환자의 경우에 선천적으로 가지고 있는 유전자 돌연변이에 따라서 처방하는 항암제가 달라지는 것이 하나의 예이다. 사람에 따라서는 특정 마취제에 부작용을 일으키는 경우가 있는데, 이것도 유전자와 관련이 있다는 보고가 있다.

셋째, 유전자 치료이다. 이는 임상시험연구의 여러 차례 실패와 윤리적인 문제로 논란이 많은 분야이다. 그러나 불치병 환자의 치료를 위해서 꼭 필요한 분야이고 활발히 연구가 진행되고 있으며, 최근에는 많은 성과가 보고되고 있다.

공중보건 유전체

가타카와 같은 부정적인 사회가 되지 않기 위해서 또 필요한 분야가 공중보건 유전체(Public Health Genomics)이다. 미국에서는 23앤미(23 and me), 디코드미(DecodeMe) 등 다수의 업체가 개인 유전체 분석 서비스를 사업화했다. 이런 서비스를 소비자 직접 검사(Direct to Customer, DTC)라 한다.

우리나라도 일반 대중을 대상으로 개인 유전자 검사 서비스(DTC 검사)를 하는 회사들이 있다. 따라서 회사들이 수익만을 위해서 유전

사진설명
❷ DTC에 대해서 말하는 2019년 BMJ 잡지의 표지

자 검사에 대해 잘못되거나 과장된 정보를 국민에게 전달하는 것을 국가가 관리하고 지침을 제공할 필요가 있다. 공중보건 유전체는 유전자 발굴 연구와 임상시험연구의 통합을 통하여 유전학적인 지식이 국민 보건향상으로 연결되도록 하는 과정으로 정의될 수 있다. 전문가에 대한 교육과 훈련도 중요한 요소다. 이 교육에는 국민을 대상으로 한 유전자 검사에 대한 홍보와 안내도 포함된다.

공중보건 유전체를 적용한 사례로써 유방암 유전자 검사를 위주로 살펴보겠다. 미국 질병관리본부(CDC)의 공중보건 유전체과(Office of Public Health Genomics)는 유전자 검사들을 3가지 단계로 구분하여 전문가와 대중에게 알리고 있다(그림 33).

첫째 단계(Tier 1)는 체계적인 문헌검토(Systematic Review)를 통하여 충분한 증거가 있으며 특정 인구집단에서 꼭 필요한 검사이다. 이

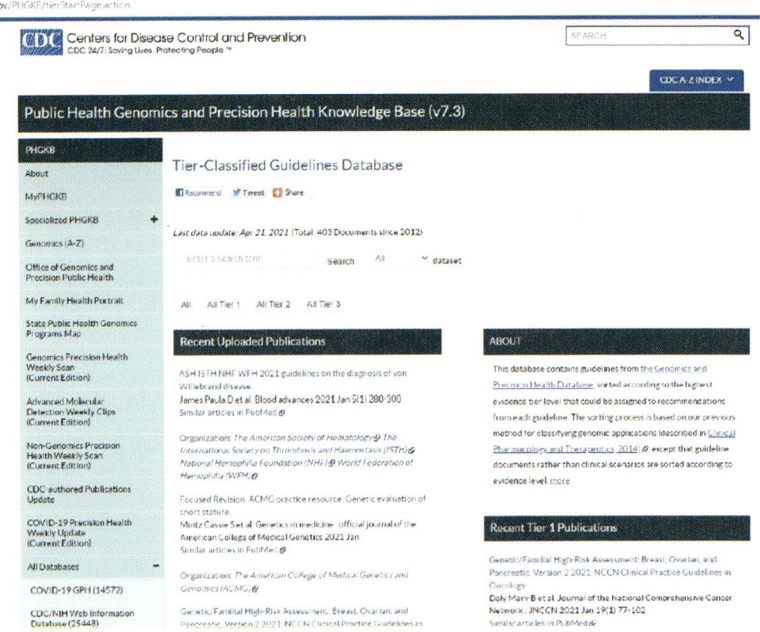

그림 33. 미국 질병관리본부(CDC) 홈페이지의 공중보건 유전체 관리 사례
(유전자 검사를 3단계-Tier로 구분하여 관리함)

에 대해서는 보험수가도 인정이 된다. 대표적인 예가 유방암 가족력이 있는 여성에 대한 BRCA1, BRCA2 유전자 검사이다. 또한, 유방암 환자의 약물 유전학(pharmacogenomics, PGx) 검사로서 트라스투주맙(trastuzumab) 약물에 대한 HER2 유전자 검사도 1단계 검사에 속한다.

둘째 수준의 검사들(Tier 2)은 문헌검토를 통하여 충분한 증거가 있으나 검사에 주의를 요구하는 검사이다. 보험수가로서 인정은 되지 않지만, 임상에서의 의사결정에 도움이 되는 검사이다. 이 군에 속하는 검사들은 약물 유전학 검사가 많다.

마지막으로 셋째 단계(Tier 3)의 유전자 검사는 아직은 충분한 증거가 없어서 '시기상조'인 검사이다. 검사업체에서 대중에게 과대광고를 하지 못하도록 관리할 필요가 있는 검사이다. 3단계 유전자 검사(Tier 3)에 해당하는 유방암의 예로는 1단계(Tier1)에 속했던 BRCA 유전자 검사도 가족력이 없는 일반 국민에게 검진 항목으로 포함하는 것은 3단계(Tier 3)로 분류하고 있다. 이 셋째 수준의 유전자 검사들도 차후에 다른 증거들이 확보되면 둘째 수준이나 첫째 수준으로 변경될 수 있다. 반대로 첫째 수준의 유전자 검사들이라도 부정적인 연구 결과들이 나온다면 둘째나 셋째 수준으로 바뀔 수 있다.

존스홉킨스 보건대학원 소개

이 글은 필자가 미국에서 박사후연구원을 마치고 연세대 보건대학원 연구조교수로 일하던 2008년 4월에 연세대 보건대학원 소식지에 존스홉킨스 보건대학원에 관하여 쓴 글을 일부 수정한 것입니다. 보건학 분야 미국 유학에 관심 있는 분들을 위하여 여기에 소개합니다.

안녕하세요? 저는 2004년 8월에 연세대 대학원 보건학과에서 박사학위를 받고 보건대학원 국민건강증진연구소에서 연구원으로 근무 후 국비를 받아 2005년부터 미국 메릴랜드주 볼티모어시에 있는 존스홉킨스 보건대학원에서 박사 후 연수를 했습니다. 존스홉킨스 보건대학원의 유전역학과 주임교수인 Terri H. Beaty 교수가 저의 지도교수였습니다.

존스홉킨스병원 및 의과대학과 보건대학원이 위치한 볼티모어시는 범죄율이 높은 도시로 유명합니다. 다른 도시에 비하여 흑인 인구 비율도 높습니다. 이전에는 미국에서 범죄 관련 드라마나 영화의 배경으로 뉴욕시가 주로 등장했었는데 최근에는 볼티모어시가 배경으로 자주 나옵니다. 그러나 도시 중심부에서 차로 20~30분 이동하여 도시 외곽이나 메릴랜드주의 다른 도시로 가면 자연경관 및 초, 중, 고등학교의 학군이 미국 내에서 좋은 곳들이 나옵니다. 그래서 대부분의 존스홉킨스대학 교직원들은 도시 외곽이나 볼티모어의 인접 도시인 엘리콧시나 그랜버니시 등에 거주하며 자가용으로 출퇴근합니다. 또한, 볼티모어시는 항구도시입니다. 도시 중심부에 있는 이너하버 (inner harbor)는 볼티모어의 관광지로 야경이 아름다운 항구입니다.

존스홉킨스 보건대학원 건물

　존스홉킨스 보건대학원을 방문하신 분들은 우선 건물 크기에 놀랍니다. 면적이 넓은 9층 건물로 한 층에 사무실과 연구실이 100개 이상 있습니다. 건물의 1층과 2층은 주로 강의실과 휴게실이 있습니다. 2층에 있는 소머홀(Sommer hall)은 전 보건대학원장님인 Dr. Sommer의 이름을 기념하는 대강당으로 한 번에 300명 가까운 인원을 수용할 수 있습니다. 제가 소속해 있던 역학과는 건물의 6층 전체를 사용하고 있는데 역학 전공 교수만 80명이 넘습니다. 또한, 존스홉킨스 보건대학원의 경우는 모든 수업과 학위과정이 주간에 이루어집니다.

　석사과정은 Master of Public Health (MPH)와 Master of Health Science (MHS)의 두 가지 과정이 대표적인데 MPH의 경우는 1년 과정으로 매년 7월에 시작하여 6월에 코스가 끝납니다. 존스홉킨스 보건대학원 수업 진행의 특이한 점은 term(학기) 제입니다. 한 학기가 7

주 정도의 짧은 기간입니다. 한 학기가 끝나면 1주일 정도 방학을 갖고 바로 다음 학기가 시작되어서 MPH의 경우는 1년에 5학기 과정을 이수해야 합니다. 이 5학기 기간 동안 100학점 이상을 취득하게 되고 졸업을 위해서 캡스톤(Capstone)이라는 학위논문 형식의 보고서를 제출합니다. 이 MPH 과정의 또 다른 특성은 미국인 비율이 50% 미만이고 세계 각지에서 학생들이 온다는 것입니다. MPH 과정에 있으면 거의 모든 나라 사람을 만날 수 있다고 해도 과언이 아닙니다. 저도 아프리카의 나이지리아, 짐바브웨 등은 물론이고 아시아의 부탄이라는 나라에서 온 친구들을 만나서 수업도 듣고 여행도 하며 친하게 지냈습니다. MHS 과정은 2년 과정으로서 처음 1년은 MPH 학생들과 같이 수업을 듣고 2년 차에는 지도교수의 연구에 참여하거나 보건 관련 기관에서 인턴으로 일하며 학위논문을 작성하게 됩니다.

　마지막으로 소개해 드리고 싶은 것은 실제 유학 생활에 대한 것입니다. 저는 존스홉킨스 박사후연구원으로 있으면서 처음 몇 개월은

2006년 뉴욕 UN 본부에서 존스홉킨스 MPH 학생들과

2007년 존스홉킨스병원 기숙사에서 친구들과

아파트 원룸에서 자취했고 나머지 2년 이상은 존스홉킨스병원에 있는 Reed Hall이라는 기숙사에서 지냈습니다. Reed Hall은 의과대학과 보건대학원 학생 기숙사입니다. 기숙사 거주 학생의 50%는 존스홉킨스 의과대학생들이고 40%는 보건대학원 석, 박사 과정 학생들입니다. 그리고 박사 후 연구원이나 존스홉킨스병원의 레지던트가 10% 정도 거주하고 있습니다. 제 방 양쪽에 미국인 의과대학 1학년 학생들이 거주하고 있었는데 이들은 학업량이 매우 많아 공부를 열심히 하는 것은 기본이고 거의 매일 규칙적으로 운동을 하고 금요일 저녁과 주말에는 파티나 포커게임 등을 하면서 스트레스를 해소했습니다. 한국에 오고 나서 가장 그리운 것은 기숙사 바로 옆에 있던 체육관입니다. 헬스기구는 물론이고 실내 농구코트, 실내 조깅 코스 등을 갖춘 체육관은 의과대학과 보건대학원 학생들에게 공부뿐만 아니라 보건의료인 스스로가 건강관리도 잘해야 한다는 학교와 동문의 배려라고 생각합니다.

참고 도서

IAN D. YOUNG. 이정주, 오문주, 진동규 역. 「의학유전학」. 월드사이언스. 2009.02.10
Nussbaum. 박선화 등 역. 「톰슨&톰슨 의학유전학」. 범문에듀케이션. 2017.09.01
Strachan and Read. Human Molecular Genetics 3판 Taylor & Francis. 2004.06.01
김경철. 유전체, 「다가온 미래 의학」. 메디게이트뉴스. 2020.04.20
김경철. 「인류의 미래를 바꿀 유전자 이야기」. 세종서적. 2020.04.27
김경희. 「엄마의 유전학 이야기」. 고려의학. 2013.01.10
김형석. 「백년을 살아보니」. 덴스토리(Denstory). 2016.08.01.
노벨 재단. 「당신에게 노벨상을 수여합니다 노벨 생리 의학상」. 바다출판사. 2017.02.15
다케우치 가오루, 마루야마 아쓰시. 김소영 역. 「유전자 이야기」. 더숲. 2018.01.08
데일 브레드슨. 박준형 역. 「알츠하이머의 종말」. 토네이도. 2018.03.05
리처드 도킨스. 홍영남, 이상임 역. 「이기적 유전자」. 을유문화사. 2010.08.10
마이클 로이젠, 메멧 오즈. 유태우 역. 「새로 만든 내몸 사용설명서」. 김영사. 2014.02.14
박태현. 「영화 속의 바이오 테크놀로지」. 글램북스. 2015.05.10
사마키 에미코, 다쓰미 준코, 도치나이 신, 아구이 마사오, 아베 데쓰야. 박주영 역. 「인간 유전 100가지」. 중앙에듀북스. 2010.03.23
신동화, 이은정. 「당신이 먹는 게 삼대를 간다」. 민음인. 2011.01.31
엘리자베스 블랙번, 엘리사 에펠. 「늙지 않는 비밀」. 알에이치코리아. 2018.02.26
이옥경 등. 「초음파검사학」. 고려의학. 2017.03.01
이윤환, 유승흠. 「노인보건학」. 계축문화사. 2018.03.05
이은희. 「하리하라의 과학블로그 1」. 살림FRIENDS. 2005.10.05
이은희. 「하리하라의 바이오 사이언스」. 살림FRIENDS. 2009.01.15
이은희. 「하리하라의 생물학 카페」. 궁리. 2002.07.18
정재승. 「뇌과학자는 영화에서 인간을 본다」. 어크로스. 2012.07.15.
정진호. 「위대하고 위험한 약이야기」. 푸른숲. 2017.08.07
존 스토트. 양혜원 역. 「존 스토트의 동성애 논쟁」. 홍성사. 2015.07.16
프랜시스 콜린스. 「신의 언어」. 김영사. 2009.11.20
프랜시스 콜린스. 이정호 역. 「생명의 언어」. 해나무 |2012.02.27
하세가와 에이스케. 조미량 역. 「생명과학 이야기」. 더숲. 2014.10.27.

참고 논문

1. Bell DA, Taylor JA, et al. Genetic risk and carcinogen exposure: a common inherited defect of the carcinogen-metabolism gene glutathione S-transferase M1 (GSTM1) that increases susceptibility to bladder cancer. J Natl Cancer Inst. 1993 Jul 21;85(14):1159-64.
2. Frayling TM, Timpson NJ, et al. A common variant in the FTO gene is associated with body mass index and predisposes to childhood and adult obesity. Science. 2007 May 11;316(5826):889-94.
3. Ganna A, Verweij KJH, et al. Large-scale GWAS reveals insights into the genetic architecture of same-sex sexual behavior. Science. 2019 Aug 30;365(6456):eaat7693.
4. Jee SH, Sull JW et al. Adiponectin concentrations: a genome-wide association study. Am J Hum Genet. 2010 Oct 8;87(4):545-52.
5. Jee SH, Sull JW, et al. Body-mass index and mortality in Korean men and women. N Engl J Med. 2006 Aug 24;355(8):779-87.
6. Kivipelto M, Rovio S, et al. A. Apolipoprotein E epsilon4 magnifies lifestyle risks for dementia: a population-based study. J Cell Mol Med. 2008 Dec;12(6B):2762-71.
7. Klein RJ, Zeiss C, et al. Complement factor H polymorphism in age-related macular degeneration. Science. 2005 Apr 15;308(5720):385-9.
8. Li H, Wu Y, et al. Variants in the fat mass- and obesity-associated (FTO) gene are not associated with obesity in a Chinese Han population. Diabetes. 2008 Jan;57(1):264-8.
9. Loos RJ, Lindgren CM, et al. Common variants near MC4R are associated with fat mass, weight and risk of obesity. Nat Genet. 2008 Jun;40(6):768-75.
10. Martinson JJ, Chapman NH, et al. Global distribution of the CCR5 gene 32-basepair deletion. Nat Genet. 1997 May;16(1):100-3.

11. Morris BJ, Willcox DC, et al. FOXO3: A Major Gene for Human Longevity--A Mini-Review. Gerontology. 2015;61(6):515-25.

12. Rampersaud E, Mitchell BD et al. Physical activity and the association of common FTO gene variants with body mass index and obesity. Arch Intern Med. 2008 Sep 8;168(16):1791-7.

13. Scott LJ, Mohlke KL, et al. A genome-wide association study of type 2 diabetes in Finns detects multiple susceptibility variants. Science. 2007 Jun 1;316(5829):1341-5.

14. Smithells RW, Sheppard S, et al. Possible prevention of neural-tube defects by periconceptional vitamin supplementation. Lancet. 1980 Feb 16;1(8164):339-40.

15. Sonestedt E, Roos C, et al. Fat and carbohydrate intake modify the association between genetic variation in the FTO genotype and obesity. Am J Clin Nutr. 2009 Nov;90(5):1418-25.

16. Sull JW, Liang KY, et al. Excess maternal transmission of markers in TCOF1 among cleft palate case-parent trios from three populations. Am J Med Genet A. 2008 Sep 15;146A(18):2327-31.

17. Wellcome Trust Case Control Consortium. Genome-wide association study of 14,000 cases of seven common diseases and 3,000 shared controls. Nature. 2007 Jun 7;447(7145):661-78.

18. WYNDER EL, GRAHAM EA. Tobacco smoking as a possible etiologic factor in bronchiogenic carcinoma; a study of 684 proved cases. J Am Med Assoc. 1950 May 27;143(4):329-36.

뉴스 기사

KBS 뉴스. 2021.08.03. "세계에서 가장 큰 입"…기네스북에 오른 美 여성
KBS 뉴스. 2021.07.06. 이정후, 도쿄 한일전 '아버지의 몫까지'
MBC 스트레이트. 2021.06.27. 30년간의 비밀, 화성연쇄조작사건.
MBN 뉴스. 2021.06.10. 강호동 아들 드라이브 비거리 240m "타이거 우즈 처럼…"
SBS 그것이 알고싶다. 2021.05.22. 조작할 수 없는 단 하나의 증거 – 16.8% DNA의 증언.
SBS 뉴스. 2021.08.17. '아이 바꿔치기' 혐의 구미 3세 여아 친모 징역 8년
YTN 뉴스. 2021.06.28. 군 입대 동기 모텔서 성폭행한 20대 구속
YTN 뉴스. 2021.06.08. 美 FDA, 알츠하이머병 치료제 승인…효능 논란
YTN사이언스. 2019.04.15. "우주에서 노화속도 느려진다"…지구 귀환 뒤엔 원상복귀
국민일보. 2018.12.17. 아들에게 살해되는 순간에도… "옷 갈아입고 도망가라" 외친 어머니
데일리팜. 2018.12.13. [칼럼]프레디 머큐리와 에이즈 치료 발전사
서울경제. 2019.03.06. 'HIV 저항성 조혈모세포' 이식으로 혈액암·에이즈 동시 치료
아주경제. 2021.06.23. [최준석, 과학의 시선] 동성애 유전자는 없다는데…
연합뉴스. 2008.05.06. "김용선 교수 'M/M형-인간광우병 연관성 기술 안해"
연합뉴스. 2020.05.26. "치매 관련 유전자 변이, '중증 코로나19' 위험 2배 이상 높여"
연합뉴스. 2020.07.14. 동성간 성접촉 통한 국내 HIV 감염 53.8%…이성간 첫추월
연합뉴스. 2021.07.25. [올림픽] 여서정, 아버지 여홍철 이어 25년 만에 도마 결선 진출
의학채널 비온뒤. 2019.11.27. 남성 동성애가 국내 에이즈의 중요한 원인이다 – 제주대학교 의학전문대학원 배종면 교수 인터뷰
조선일보. 2019.07.12. 나이지리아 커플 사귀기전 "우리 피검사 해요"
조선일보. 2021.03.17. 생리·임신 안하던 中 여성… 25년만에 알았다, 중성이란걸
조선일보. 2021.05.06. '저주 받았다' 버려진 알비노 中 아기, 보그 표지 모델됐다
펜앤드마이크. 2021.03.30. [기고/민성길 교수] "'성인권 교육'이 동성애를 조장한다는 주장은 '가짜뉴스'"인가?
한국일보. 2016.06.20. 미국엔 매튜 셰퍼드 법, 한국엔 차별금지법
한국일보. 2021.07.09. 미 FDA, '논란의 알츠하이머 신약' 지침 변경… "경증 환자에만"

참고 웹사이트

CDC. Public health genomics. https://www.cdc.gov/genomics/gtesting.
네이버 영화 기본정보 https://search.naver.com/
질병관리청 희귀질환헬프라인 희귀질환정보 http://helpline.kdca.go.kr

참고 영화

1. 〈아일랜드 The Island〉, 2005. 등급 12세 관람가
2. 〈베놈 Venom〉, 2018. 등급 15세 관람가
3. 〈이티 E.T.〉, 1982. 등급 전체 관람가
4. 〈다키스트 아워 Darkest Hour〉, 2017. 등급 12세 관람가
5. 〈파이브 피트 Five Feet Apart〉, 2019. 등급 15세 관람가
6. 〈조 블랙의 사랑 Meet Joe Black〉, 1998. 등급 15세 관람가
7. 〈뷰티풀 마인드 A Beautiful Mind〉, 2001. 등급 12세 관람가
8. 〈엑스맨: 퍼스트 클래스 X-Men: First Class〉, 2011. 등급 12세 관람가
9. 〈컨빅션 Conviction〉, 2010. 등급 15세 관람가
10. 〈살인의 추억 Memories Of Murder〉, 2003. 등급 15세 관람가
11. 〈위대한 쇼맨 The Greatest Showman〉, 2017. 등급 12세 관람가
12. 〈트윈스터즈 Twinsters〉, 2014. 등급 12세 관람가
13. 〈브레이킹 던 2 The Twilight Saga: Breaking Dawn 2〉, 2012. 등급 15세 관람가
14. 〈미라클 벨리에 The Belier Family〉, 2014. 등급 12세 관람가
15. 〈리메모리-기억추출 Rememory〉, 2017. 등급 15세 관람가
16. 〈미드나잇 선 Midnight Sun〉, 2018. 등급 12세 관람가
17. 〈원더 Wonder〉, 2017. 등급 전체 관람가
18. 〈미스 리틀 선샤인 Little Miss Sunshine〉, 2006. 등급 15세 관람가
19. 〈나는 전설이다 I Am Legend〉, 2007. 등급 12세 관람가
20. 〈인크레더블 2 Incredibles 2〉, 2018. 등급 전체 관람가
21. 〈페어런트 트랩 The Parent Trap〉, 1998. 등급 전체 관람가
22. 〈우리 형 My Brother〉, 2004. 등급 15세 관람가
23. 〈디스 크레이지 하트 THIS CRAZY HEART〉, 2017. 등급 12세 관람가
24. 〈미나리 Minari〉, 2020. 등급 12세 관람가
25. 〈길버트 그레이프 What's Eating Gilbert Grape〉, 1993. 등급 12세 관람가
26. 〈아이 필 프리티 I Feel PRETTY〉, 2018. 등급 15세 관람가
27. 〈잭 Jack〉, 1996. 등급 12세 관람가
28. 〈인 타임 In Time〉, 2011. 등급 12세 관람가
29. 〈어바웃 타임 About Time〉, 2013. 등급 15세 관람가
30. 〈챔피언스 Champions〉, 2018. 등급 전체 관람가

31. 〈뮤직 네버 스탑 The Music Never Stopped〉, 2011. 등급 12세 관람가
32. 〈빌리 진 킹: 세기의 대결 Battle of the Sexes〉, 2017. 등급 15세 관람가
33. 〈스틸 앨리스 Still Alice〉, 2014. 등급 12세 관람가
34. 〈더 파더 The Father〉, 2020. 등급 12세 관람가
35. 〈보헤미안 랩소디 Bohemian Rhapsody〉, 2018. 등급 12세 관람가
36. 〈마이 시스터즈 키퍼 My Sister's Keeper〉, 2009. 등급 12세 관람가
37. 〈가타카 Gattaca〉, 1997. 등급 15세 관람가

유전자를 알면 장수한다	2022년 2월 10일 발행 2023년 5월 20일 2쇄 발행 2023년 12월 1일 3쇄 발행 2024년 5월 3일 4쇄 발행
정가 : 13,000원	저　　자 : 설재웅 발 행 자 : 남학순 발 행 처 : 도서출판 고려의학 (02880)　서울 성북구 성북로9길 1 보문빌딩 3층 　　　　　　Tel. 765-0333, 0337 　　　　　　Fax. 743-2288
ISBN 979-11-977649-0-5	등록번호 : 제 2022-000006호 2022. 1. 10.

※ 이 책은 저자와의 계약에 의해 고려의학출판사에서 발행합니다.
※ 불법복사에 관여하는 자는 저작권법 제97의 5(권리의 침해죄)에 따라 5년 이하의 징역 또는 5천만원 이하의 벌금에 처하거나 이를 병과할 수 있습니다.

※ 검인은 저자와의 합의하에 생략합니다.
※ 낙장 및 파본은 교환해 드립니다.